JN120037

Kindness Disabilities

非常識なやさしさをまとう

人とともにデザインし、障がいを超える

田中美咲

Misaki Tanaka

ライフサイエンス出版

Wearing Designing with People
Extraordinary and Transcending
Kindness: Disabilities

プロローグ

わたしは幼少期から自分のことを醜い存在だと感じていた。「醜いからこれができない」と自分に言い聞かせ、選択できたはずの選択肢を見て見ぬ振りをしてきた。「本当はもっとこうしたいのに、本当は……」と、何度も思っていた。でも、わたしは特段クラスメイトから「醜い」と言われたわけではなかったし、親からそのようなアンカリングをされたわけでもなかった。だが、わたしの中でこの感情が自分の存在を自分で傷つけ、苦しめていることにいつの時からか気づいていた。

そして、その感情は服屋の試着室に入った際によくもたらされていたのだと、つい先日まで通っていた大学院の授業の中で気がつくことになった。「店内でいいな」と思った服を手に取り、試着室で着てみる。すると、自分で選んで着た服なのに何だか浮いているように見えたり、サイズが合わなくて、着られなかったりすることがあった。この時はあくまでも「わたしが醜いから服が合わないのだ」と、自己責任論に陥っていた。本当はもっとファッションを楽しみたい。ただそれだけなのに、着たい服を選んで着るという選択肢は幾度となくわたしの手の中からすり抜けていった。

このことを国内外の友人たちに話す機会があった。すると、同じような経験や似たようなことを感じたことがある人が自分以外にもたくさんいることが分かった。「太っているから。肌の色が黒いから。信仰上できないことがあるから。車椅子だから。アトピーだから……」と、自分を構成するたった一つの要素によって、ファッションが楽しいものではなく、わたしたちを苦しめる武器になっていたことを知った。

ファッションはこれまで、人間に勇気やパワーを与えてくれたはずのものだ。歴史の変わり目には、常にファッションがそこにあったはずだ。例えば、ココ・シャネルは女性を解放し、パンクファッションは、世界的な経済不況に対し、反社会的なスタンスを明示するために生まれた。そうする中でファッションは、社会に対して意思表示をする役割を担うようになっていったのだ。最近では、マーク・ザッカーバーグが着ていたフーディーが、ビジネスシーンをスーツ着用の堅苦しさから解放したのは象徴的なことだった。

わたしはただ、ファッションを楽しみたい。そう思う気持ちをただ実現したい。着たいも着られるも実現できるほうがもっと気持ちがいい。そう思った。

第2章

初めての起業は防災がテーマ

第6章　人のためだけでなく、人とともにデザインする

第7章　多様性を前提にチームをつくる

第1章

自分の居場所がない

いじめ、いじめられることが当たり前の小学校

わたしは職場恋愛で結婚したまじめな両親のもとに生まれた。生まれてからしばらくは奈良で暮らし、父の転勤で横浜に移り住むことになった。引っ越し先の近くには神社や田畑が広がり、店と言えば、地元の人が運営する小さなコンビニエンスストアがあるだけだったが、わたしの家の右斜め前には、たくさんの猫と暮らす、名前も知らないおばあさんの家があった。当時のわたしにとっては探検しがいのある場所だった。

両親は共働きで朝から晩まで帰ってこなかったので、わたしはいわゆる「鍵っ子」だった。保育園の時は、負けず嫌いな性格からか、遠足や運動会などはすべて全力で行った。地域のイベントにも真っ先に参加し、親からは「すぐにいなくなる子だった」と今も言われることがある。

小学生になると、同じマンションの友達と周辺を探検したり、おにごっこやかくれんぼなどの既存の遊びに新しい「わたしたちルール」を加えたりして、汗だくになって家に帰る毎日を繰り返した。そして、家に帰ると、誰もいないしんとした部屋で一人テレビを見続けるのが日課だった。夕方のニュースから始まり、子供向け番組、バラエティ番組、恋愛リアリティショーまで、

5時間ほどの一連の番組をしっかりテレビの前で正座して見ていた。

土日になると、親が学習塾とピアノ、習字に通わせてくれ、さらに小児喘息を治し、体力をつける目的で水泳にも行かせてくれていた。でも、わたしにはやりたいことが何も見つからず、大体の習い事はすぐに辞めてしまっていた。親にはたくさんの経験をさせてもらったが、続けられなくて申し訳なかったと今も思っている。

最初に通った小学校とその後引っ越して通った小学校では、どちらもいじめが常態化していた。実はこの時、わたしはいじめっ子に立ち向かうどころか、クラスの子をいじめることにも加担した。だが、その翌週には反対にわたしがいじめられる側に回ることになるのだった。小学校の時はこうしたいじめのローテーションが当たり前に存在していたから、クラスの全員がどちら側も経験していたと思う。

小学校の時のわたしは、とにかくケンカっ早く、同級生・上級生関係なく、居心地が悪いと感じれば、すぐに物申しに行った。例えば、学校の一輪車を独占している上級生に対し、「いつまで使っているの？　何で貸してあげないの？」と、率直に伝えに行くこともあった。わたしの悪口の噂が回ってきた時には、「何か悪いことでもした？　わたしはここにいるんだから、直接言いなよ」と、本人に聞きに行くことも日常茶飯時だった。

5年生になると、その声の大きさもあってかクラスの中心にいることが多くなった。わたしが目立ちたがり屋で完璧主義だったからかは分からないが、学級委員長などのルールを動かせる立場になりたくて仕方がなかった。わたしは率先して立候補し、選挙で落選した時には、悔しくて泣いてしまうこともあった。周囲の友達に対しても一心不乱に思いの丈を言い合い、毎日がディベート大会になっていた。当時のわたしは周りに合わせたり、手加減したりすることを知らなかったのだ。

そんなわたしたちを見ていた担任の先生は、話し合いが終わるまで授業に出なくていいと、みんなの意思を優先させてくれた。当時は徹底的にお互いが納得するまで議論を続けることができたので、心残りなどは一切なかった。クラスではとにかくケンカが絶えなかったけれど、その後はみんな晴れやかな気持ちだったと思う。卒業して20年以上経つが今でも連絡を取り合う仲間がたくさんいる。

心を閉じ、無になる

小学校を卒業すると、私立の中高一貫校に通った。家から学校までは1時間半くらいかかった。毎朝5時半に起きて、最寄駅行きの6時40分のバスに乗る。そうした生活が6年間も続いた。

やがて、学校ではフランクに話せる友人が数名できたが、それ以外の生徒とは上辺だけの付き合いだった。ここでもまた悪口を言う人がたくさんいた。わたしは「場所が変わっても同じようなものなのか」と呆れたが、小学校の時よりも悪口は悪質なものになっていった。

わたしは最初に入ったバスケットボール部を辞め、ダンス部やチアリーディング部に入ったが、それらも長くは続かず、あっという間に帰宅部になった。もちろん、それはわたしが飽き性であることも関係しているのは間違いない。だが、当時は先生が指導の一環と称し、怒鳴ったり、殴ったりしても問題視されにくかった。こうした体罰を受けながら、恐怖と悔しさで毎日泣いていた。わたし自身「そういうものだ」と思うようにしていたが、それにもやがて耐えられなくなり、部活動からあっという間に距離を置くようになった。

中学3年生になると、当時学校で花形だった野球部とバスケットボール部の一部の男子たちから急に無視され、それが高校になってからも約3年間続くようになった。わたしはあたかも存在しないかのように扱われていたし、少しでも目が合えば睨まれた。

そのいじめっ子グループの中に唯一野球部で話せる人がいたので、「何でこんなことするの？わたしが悪いことをしたなら、教えて」と、聞いてみたが、「俺からは教えられない」と断られた。それ以来、その人とも話せなくなってしまった。いまだに理由は分からない。当時のわたしはまだ強気だったので、「こそこそしないで、直接言ったらいいのに」と思っていたし、彼らの行為自体にも飽き飽きしていた。

すると、彼らと同じ部活動の女子たちやその友達のグループからも悪口を言われるようになった。あれよ、あれよという間にいじめに加わる人数が増え、わたしは長期的ないじめの対象になっていった。

ある日の放課後、20名程度の女子に席を囲まれて、身に覚えのないことをすべてわたしが原因であるかのように言われ続けた。おそらく1時間くらいだったろうか。感覚としては何十年も牢屋の中に入れられたような気分だった。時間が過ぎるのが遅く感じ、地獄のようだった。わたしを中心に、複数名が取り囲んで責め続ける光景を面白そうに教室の外から覗く人もいれば、「何やってるの？　わたしも入っていい？」と言うような人もいた。

当時のわたしは心を閉じ、無になっていた。学校にわたしの居場所はなかった。

誰もわたしのことを知らないところへ行きたい

わたしは学校をどうしても休学したかった。しかし、朝から晩まで働き、わたしを私立高校に通わせてくれている両親のことを考えると踏み出せなかった。さすがに集団で囲まれた次の日だけは休んだが、その後は鬱々としながらも、学校には通い続けた。ただ、時間だけが過ぎるのを待つ学生生活だった。そうした中で、わたしに声を掛けてくれるのは、過去にいじめを受けた子や、クラスの端で勉強ばかりしているような子たちだった。こうしてわたしにも新しい友達ができた。

すると、ある時を境に、「いじめっ子たちの目線を気にしている時間は無駄だ！」と吹っ切れることができた。そこからは、いじめを忘れるためにひたすら勉強に明け暮れた。とにかく朝から晩まで勉強。わたしは進級のタイミングで特待生になり、いじめっ子たちとは別のクラスに行くことができるようになった。

同学年の友達が少なかったので、先輩のクラスに遊びに行って、ほとんどの時間を過ごした。さらに、学校にいる時間を少しでも減らしたくて、社会人チアリーディングチームに入った。高校生の時には、20～30代の方々と休日のほとんどを過ごし、平日の夜は塾で出会った他の高校の子たちと交流した。

受験期になるとわたしは指定校推薦枠がある立命館大学に行こうと決めた。どうしてもいじめをしてきた人たちが入学するだろう関東の大学に行きたくなかったし、緊張しやすいわたしは受験で失敗しないためにも推薦で行ける大学を選ぶことにした。

高校3年生になり、周囲が受験勉強の追い込みをしている間、進学先が決まっていたわたしは目線を外に向けることにした。そして、横のつながりをとことん広げようという思いから、mixiなどのSNSを活用して、同じく大学が決まって時間に余裕のある他学校の生徒たちとのオフ会によく参加した。もう居場所のない学校とはおさらばだ。新たな人生をここから歩んでいくのだと心に決めていた。

当時この場所で知り合った友人たちは、有名大学に合格している人たちが多かった。「現在」ではなく「未来」を見ている人たちばかりで、この中には現在わたしと同じように、スタートアップ企業の代表をしていたり、日本有数のアプリやサービス会社の人事役員を担当していたりする人もいる。この時期に出会った友人の多くが今もなお新たな挑戦をし続けている。

諸刃の剣

中学・高校の閉鎖的な環境に嫌気が差していたわたしにとって京都での暮らしは不安を抱えながらもまさに自由だった。大学に入るとサークルの勧誘があり、バスケットボールとバレーボールを週替わりで行うゆったりとしたサークルに入ったが、1年も経たずに辞めた。

今度は学部ごとに存在する自治会に入ったが、2年目になった時に物足りなさを感じて距離を置くようになった。

こんな具合でサークルや団体は入っては辞めての繰り返し。大学時代のアルバイトもそうだし、小学校の時の習い事もそう。中学・高校の部活もそうだった。わたしはどんなことも「続けることができない」のだろうかと、不安に駆られることもあった。

それぞれ辞めた理由は異なれど、何かをしっかりと続けている人に対し、憧れの念を持っていた。同級生の中には何らかの日本代表選手になっている人がいたり、学びが強みになっていたりする人もいたが、わたしはと言えば、自分の強みになるような要素は何もなかった。

その一方で、サークルやコミュニティを転々としていて学んだことがある。それは自分とコミュニティとの成長スピードの違いがあるということだ。わたしは習い事やサークルを始めると、知らないことや未体験のことが多いので、知的好奇心からいつも全力でコミットをする。ただ、ある一定の成果が出せるようになると学べるものはあまりないように感じ、次に成長が望める場所に移動していたのだった。「ジョブホッピング」ならぬ、「コミュニティホッピング」をしていたことに気づいた。それゆえ、役割を押し付けてしまったり、迷惑をかけてしまったりする人が大勢いた。

大学2年生になると、また新しいコミュニティに入ることになった。それは大学ごとの垣根を超えて、授業の単位が取れる「大学コンソーシアム京都」という取り組みだった。当時、わたしは関心を持った京都精華大学の「クリエイティブの可能性」という授業を受講した。それは、当時の広告業界の第一線で活躍するプロデューサーやアーティストが講師を務め、学生たちに実際のクライアントに企画提案させるプログラムだった。

土・日の終日講義が続いたが、その後の懇親会と銘を打った講師との対話は、わたしにとってとても大きな財産になった。このプログラムを企画し、当時非常勤講師を担当していた方は、わたしの恩師・石川淳哉（いしじゅんと呼んでいる）さんであり、今もなお相談する関係が続いている。

ちなみに、最初に行われた石川さんの授業では学生一人ひとりが自分自身に徹底的に向き合う「コーチング」が行われた。そこで、わたしは「コミュニティを心から信頼できず、転々としていること、その場を去った後も見下すような感覚を持っていること」を打ち明けた。わたし自身傲慢で、高飛車で、負けず嫌いで、打算的で、性悪であることに気づいていた。小学生の時にいじめをした罪悪感、さまざまな場所から逃げてきた弱さ、他者を見下す差別意識などが相まって胸の奥底に大きくて真っ黒な岩を抱えているような感覚があったのだ。

すると、石川さんがわたしにこう言った。

「お前は人一倍パワーがあり過ぎる。それは諸刃の剣。そのパワーは犯罪や反社会的なものに使うこともできるし、人を助け、世界を変えられる力にもなり得る。お前はそのパワーをどう使いたいんだ。人生で何を成し遂げたいんだ」

その時、わたしは自分自身の中にある言葉にできない暗闇が解き放たれた気がした。

まじめな世界一周

大学2年生の時、「もっと世界を見よう、周りの人がやっていないことをしよう！」とバックパックで世界一周をしようと決めた。沢木耕太郎の『深夜特急』を読んだ後だったからだろうか。それとも、大学の友人が我が道を行く個性豊かな人だったからだろうか。今振り返ると、わたしは他にはない何かを経験したかったのだと思う。

世界一周と言うと大学を休学する場合が多い。しかし、ここでもまじめさが抜け切れないわたしは世界一周を小分けにすることにした。授業は出て、しっかり単位も成績も確保しつつ、その合間でアルバイトを複数行って旅費を稼いだ。

この時も入ったり辞めたりの繰り返しだったが、河原町蛸薬師にある靴屋やスイーツバイキングで働いたり、京都の上七軒にある舞妓さんが訪れるお茶屋さんや、木屋町にあるガールズバーで働いたりしたこともあった。そこで荒稼ぎした資金をもとに、値下げのタイミングで航空券を購入しては、必ず行ったことのない国に出向いた。

40リットルのバックパックに、『地球の歩き方』と何にでも使える大きめのストール、値下げ交渉の時に使う小さいメモとペンを詰め込んで……。

旅行中はとにかく安い宿と食事を探し、1泊400円くらいのドミトリーを渡り歩いていたこともある。どうにか節約したくて、1泊200円の宿を見つけたが、そこにはもっぱら「南京虫が出る」という噂だった。この時、節約ができるなら、身体が痒くなってもいいかと考えたことを思い出す。

そうしたドミトリーでは、「落ちた人」と呼ばれる、ビザ切れで日本に帰れなくなった大人が暮らしていた。彼らは毎日何をするでもなく、椅子に座って、虚ろな目をしながらゆったりとした時間を過ごしていた。時に「人生とは何か」といった哲学を語り出す人が多かったが、わたしはそうした話に参加するのも好きだった。

旅行中に残金が少なくなった時は、現地で資金を稼いだこともある。現地に到着したばかりの日本人旅行客を現地のレストランやホテルに案内したり、地元の小学校で日本語を教えたりもした。それらに加えて、値下げ交渉する程度の現地の言葉は覚え、屋台やマーケットでは価格を1／3程度に下げてもらっていた。

海外でバックパッカーをしていると、常に危険と隣り合わせだ。道案内されているつもりが、路地裏に連れて行かれて、お金をせがまれたり、急に胸をつかまれたりするなどのセクハラは両手では数え切れないほどあった。インドでは、目的地まで辿り着けず、なぜかガンジス川をボロボロの渡し船で横切らなくてはいけなくなってしまったこともある。この時は船に川の水が浸水し始め、水をかき出しながら、対岸に渡る羽目になった。

だから、こうしたトラブルから身を守るためにも旅の道中では友達をつくり、助けてもらうに限る。実際、わたしはできる限りドミトリーに泊まり、現地で友達をつくることにしていた。お互いの道中の無事を願いながら、散り散りになっていった一瞬の友達がたくさんいる。

この一人旅によって、場所や人から醸し出される危険性を察知する能力も養われた。これは後の起業や仲間集めにもおおいに役立っていると思う。多様な国々の人々と過ごす中で、自分自身が普通だと考える感覚がとても小さな世界の中での基準でしかないことにも気づけたのはよい経験だったと思う。

焦燥感と無力感

わたしは大学で産業社会学を専攻していたが、興味が赴くままに幅広く学び過ぎて、専門性が身につかなかった。具体的な研究対象なども特になく、授業の選び方も就職で有利になるようにいかに単位が取りやすく、よい成績をもらえるかどうかを基準に選んでいた。当時は就職活動の時期に制限がなかったので、大学2年生にもなると、就職活動をし始めていた。

わたしが就職先の選定基準として重視していたのは、自分の成長スピードに合うことと、自信を持って家族や友人に伝えることができるということだった。具体的には「入社段階から裁量権が多く、成長の機会が多いこと」「老若男女関係なく、より多くの人の心を豊かにできること」「自分自身がワクワクと心躍らせることができること」の三つの条件だった。

就職活動中には、大手広告代理店のサマーインターンに受かり、数ヵ月のインターンに参加したこともある。就職先の候補として広告業界を選んだのは父親の仕事の関係で小さい頃から『宣伝会議』『広報会議』といった雑誌を目にしていたからだ。そういった背景もあり、当時のわたしは広告会社は多様な人を巻き込みながら、人を笑顔にする仕事なんだ、と信じていた。

その中で、「早くから裁量権がある」というわたしの条件と関心の重なり合うところに「インターネット広告代理店」という選択肢があった。当時はインターネット業界がまさに注目を集め、どの会社もベンチャーのような空気感があった。そのため、当時業界ナンバーワンだった大手インターネット広告代理店を狙って就職活動することにした。その結果、大学3年生のクリスマスの日に第一志望から内定をもらうことができた。渋谷の109に向かって坂を下っているちょうどその時だった。

大学卒業目前のある日には、実家の近くのカフェでノートを開き、自分の人生をどう生きるかについて内省しながら、人生でやりたいことを「100のリスト」に書いていた。すると、目の前のカフェラテがカタカタと揺れた。携帯のアラームが鳴り響き、カフェの店員さんたちが辺りを見渡す。すると、立っていられなくなるほどの大きな揺れが店内を襲った。それに伴い、わたしは急に吐き気を催した。午後2時46分、東日本大震災だった。

この日は震災の揺れによる吐き気で何とか駅まで行ったものの、ベンチでうずくまってしまった。これ以上何もできないと思い、ひとまず横浜の実家に戻り、そこでしばらく様子を見ることにした。

その後、ニュースで東北の映像を見るたび、焦燥感に駆られた。わたしはもう授業もなく、卒業をただ待つ身。学生で時間があるのに、何もしないのはあり得ないと思った。そう思ったわたしは石川さんの声掛けにより、大学時代の仲間たちとSkype会議を開き、「今わたしたちは何をすべきか」について議論することにした。答えの出ないその会議は6時間以上にも及んだが、余震が続く関東にいたわたしは、ずっと動悸が落ち着かなかった。仮に、わたしたちが被災地に行ったとしてもスキルも知識もないので、邪魔になるだけかもしれない。では、支援金を送るしかないのか……。そんな議論が続き、無力感に苛まれた。

周囲と折り合えない

2011年4月、震災の自粛ムードが漂う中、大手インターネット広告代理店に入社した。入社すると、ソーシャルゲームの開発部に配属され、新規ゲームの企画を始めた。その部署でわたしが企画したのはサイコロのようなものを使って世界中を旅するゲームだった。アバターを自分に似たものにできたり、他のユーザーとコミュニケーションが取れたりする仕組みも取り入れていた。

わたしが出したアイデアが社内の承認を得ると、チームが組まれ、新卒のわたしがいきなりリーダーをすることになった。チームにはエンジニア2名とデザイナー2名がアサインされ、わたしは急に10歳以上も年の離れた人たちを指揮する立場となった。すると、次第にチームとして一定の成果が出せるようになり、その年は何度も月間新人賞を受賞し、管轄内のMVPなども受賞した。

だが、このチームのトレーナーには、トレーニングやマネジメントの方法を深く知らない未熟な上司がついた。ベンチャーのような組織だったことや自分の未熟さも相まって、わたしは居心地の悪さを感じ、常に上司と言い争うことになった。当時のわたしは相手が上司であろうと、違和感を抱くと我慢できなかった（今思うと、丁寧に教えてくださっていたのに、とても申し訳ない気持ちになる）。

さらに、ひとたびチームで議論が分かれたり、進捗が遅かったりすると、自分の中にある正義や正解に一切妥協できなかった。すべての人がわたしと同じくらいの熱量で仕事をしているわけではないし、その能力の出し方も多様だ。そうした各自の背景を理解し切れていなかった当時のわたしは、部下に自分と同じ熱量とコミットを求め過ぎてしまっていたのだ。

そうしたわたしの仕事のスタイルに対しても、上司は一方的に指摘をするばかりだった（今思えばその指摘はありがたいものだったが、当時は素直に従うことはできなかった）。納得できる理由があれば改善できていたと思うが、上司からはそうした説明はなかった。さらに言えば、自分自身にもそうした欠点を見つけられる視野の広さや経験もなかった。今思えば、上司とうまく距離を置いたり、社内風土を理解して振る舞ったりするなど、もっと多角的な視点を持っていればよかったのだが、当時のわたしにはそれができなかったのだ。

その後、わたしの変わらぬ態度により、上司の度を超えたマイクロマネジメントや、怒りによるマネジメントが連日行われるようになった。上司からは「周りに合わせろ」と言われ、なぜ自分よりもコミットしていない人に合わせて「手を抜かなければならないのだろう」と、不信感を抱くようになっていった。

仕方なく上司の指示に従うと、「最近よくなったね」と褒められたが、そうした言動に対しても、ますます違和感が募るようになった。その後そうした仕事上の不条理さが原因のストレスでうつを発症してしまった。1ヵ月ほど休職し、復職はしたが、部署を変えても力は出せず、自分の能力や適性に対しても疑問を持ち始めていた。

この時期、仕事と並行して週末になると、被災地を訪れていた。当時勤務していた会社は、被災地支援への意思決定のスピードが遅く、寄付はしていたが、会社が打ち出したミッションステートメントに対して納得のいくようなアクションを起こしていなかった(と、わたしには感じられた)。そういった会社の姿勢に対しても、わたしは疑問を持つようになっていた。

また、被災地に行けば、どんなに経験の少ないわたしであっても、力になれることがあるのに、会社では力が発揮できず、必要とされていないとも感じていた。自分の理想と現実のバランスに大きなギャップを感じていた時期だった。

答えのない選択肢の中で

社会人生活が1年半も過ぎた頃、石川さんと有名クリエイター、広告プランナーら複数名がクリエイティブの力で復興を推進していくことを目的に「公益社団法人（現・一般社団法人）助けあいジャパン」を立ち上げた。通常公益社団法人になるには、莫大な労力と準備が必要だが、震災という緊急時であることなどの理由から急遽認可されることになった。

彼らは自分たちのクリエイティビティや広告の力を信じ、今まさにできることがあるのではないかと昼夜問わず議論と制作を続けており、そうした姿を間近で見ていて、広告業界の一端を担うものとしてとてもかっこよく感じられた。そして、周りを見渡せば、読んだことのある本の著者や、有名なCMクリエイターなどが集まっていたのでとても刺激的な環境でもあった。そこには利益や立場を超えて今できる最大限の力を発揮し、社会がよりよい方向に進むために行動を起こす人しかいなかった。そうした環境がわたしには居心地がよかったのだ。

助けあいジャパンは設立して間もなく福島県のカウンターパートになった。これをきっかけに「団体の事業責任者にならないか」とわたしに声が掛かった。社会人経験がほとんどないわたしに何ができるのだろうかと不安だったが、仕事に行き詰まりを感じていたこともあって東京にいなければならない理由はなかった。団体側としても養うべき家族がいないわたしのような人間しか現地に行けないことも分かっていたのだろう。組織としても、個人としてもちょうどタイミングがよかったのだ。

だが、当時はいまだ放射性物質がどんなものかも分からない状況で、さまざまなデマや噂が飛び交っていた。「この決断により、将来妊娠できなくなるかもしれない」「障がいを抱える子供を産む確率が高くなるかもしれない」などの指摘があったし、自分自身もそうしたことを想像した。それでもわたしは、自分一人のことを考えるよりも、今まさに助けを必要としている大勢の人を助けたほうが自分自身も納得するだろうと思い、移住を決断した。

当時を振り返ってこの時の決断は「トロッコ問題」のようだと思った。「一人を助けるために他の人を犠牲にするのは許されるか?」というような、答えのない選択肢を迫られているように感じられた。

移住を決断したわたしは迷う間もなく会社を辞めた。活躍の場が見つけられない職場に固執するよりも、何倍もワクワクした。

それでも前に進まなければならない

2012年8月、わたしは助けあいジャパンの事業責任者として福島県に移住した。わたしに与えられたミッションは、福島県から県外避難を余儀なくされた方々に向けて情報発信を行う「ふるさとの絆電子回覧板事業」を立ち上げることだった。これは通信キャリアが保有するタブレット端末を全被災世帯に配布して、地域情報をオンラインで共有し、震災によってつながりを失いつつあったコミュニティの崩壊を防ぐ活動だ。

わたしは福島に行くとすぐに、経験がない事業を担当することとなり、さらに1ヵ月以内に急遽20名を雇用することになった。助けあいジャパンは設立して間もなかったこともあり、前例もフォーマットなどもまったくなかった。引き継ぎらしい引き継ぎもなく、募集要項の作成や各所との調整なども自分一人で行わなくてはならなかった。

これとは同時並行で現地の人々が抱える不安に耳を傾け、ケアをしていく必要もあった。今思えば、この時の答えも正解もない中で、とにかく前に進まなくてはいけないという状況下に置かれた経験は、その後に経営者になるにあたってもおおいに役に立っていると思う。ビジネスでは、不確実性が高く将来の予測が困難な状況のことを「VUCA」と言うが、まさにこの時のわたしの状況はそれそのものだった。

試行錯誤の結果、被災した20代から60代までの幅広い年齢層の方々を雇用することになった。これまで一度も働いたことのない方もいれば、何十年も新聞社で働いてきた方や主婦の方など、経験も事情もまったく異なる人々が集まった。助成金の関係から、スキルや共感などでフィルタリングするのではなく、まず「被災された方である」ことが採用基準だった。メンバーが集まって一段落したのも束の間、採用後の教育、チームビルディングまでのプロセスもすべて一人で行わなくてはならず、わたしにとっては困難の連続になった。
すると、過労からなのか、急に40度の熱が出て、倒れてしまった。知らない土地で意識が朦朧とする中、災害で街全体が流された風景や、大切な人を失った方々の顔が頭に浮かんだ。何もかもがどうなっていくのか分からない不安の中で、「それでも前に進んでいくんだ」という決心を胸に「どうか早く熱よ、下がってくれ」と願いながら、ベッドで横たわっていた。

その後、わたしは福島で新規事業の企画や調整、メンバーの派遣とマネジメントを行うことになった。これらと並行して、沿岸部8市町村の広報課や地元新聞社、通信3キャリアと広告会社との情報共有もしていった。その中で、わたしは政府・自治体と地元の人との間で復興に求めるものに違いがあることに気づいた。とにかく早く復興を進め、新たな街をつくろうとする政府。被災状況による支援の違いや、そのいざこざの間に挟まれ、「現状維持もしくは、批判されない程度に復興できたら」と考える自治体担当者。これらとは反対に復興などまだ語れる段階ではなく「元に戻したい」という被災された地元の方もいた。

また、わたしは東京のニーズと現地の復興スピードのギャップにも狼狽(うろた)えていた。早く復興をしたほうがいいと考え、スピードと成果を求める東京と、まだ心の傷が癒えない地元の状況には、大きな障壁が存在していた（心が癒えることに終わりなどないとは思うのだけれど……）。

わたしはそれぞれが復興に求めるものに対してミドルポイントを見つけようと対話を繰り返し

ていたが、事業で求められる膨大な作業量に対する不満が原因で、現地のマネジメント役の方からいじめを受けるようになった。わたしは「またか」と、そう思った。やがてわたしが呼ばれない食事会が開かれるようになり、オンライン上の被災した方々限定のグループメッセージ欄は、わたしと仕事に対する愚痴のオンパレードとなった。一度誰かが愚痴をこぼすと、重ねるように、みんなが自分のストレスを言葉にして伝える。それが繰り返され、やる気のあった人も仕事がしにくくなっていく。これ以外にも、採用したメンバーが音信不通になり、クライアントにわたしが謝りに行くこともあった。やがてそうしたことが何度も続くようになり、チームのどこかを鎮火させると、どこかが燃え始める。そうしたことを繰り返しているうちに、メンバーが離れ、チームがいつの間にか崩れてしまった。

東京では、仕事を辞めてまで必死に活動している人たちがいるのに、なぜここではこんなことが起きているのだろうかと信じられなかった。わたしは、メンバーの気持ちを一つにまとめられず、チームを団結させることができなかった。その結果、わたしは2回目のうつを発症し、福島から離れ、東京に戻ることになった。

01
寄稿

Contribution

困る人が生まれない社会をデザインする

植原正太郎

うえはら・しょうたろう―NPO法人グリーンズ共同代表。1988年4月仙台生まれ。慶應義塾大学理工学部卒。新卒でSNSマーケティング会社に入社。2014年10月よりWEBマガジン「greenz.jp」を運営するNPO法人グリーンズにスタッフとして参画。2021年4月より共同代表に就任し「いかしあう社会」を目指して健やかな事業と組織づくりに励む。同年5月に熊本県南阿蘇村に移住。釣りとスノボーと自給自足がしたい3児の父。

変革を促すために戦う

どの時代に生きていても、常にわたしたちには「戦い」がある。その中にはお互いに何かを奪い合うような戦いではなく、社会全体に光を当て、よりよい未来に向けて変革を促すために戦う人物がいる。

田中美咲さんは、まさにそのような存在だ。正義感とやさしさを持ち合わせながら、社会の不条理に強く抗い、弱き者のために戦う。彼女の挑戦一つひとつは、周りの友人、そして社会に大きな影響を与え、啓蒙する力を持っている。彼女は「社会起業家」として紹介されることが多いと思うが、「活動家」と言ったほうがわたしにはしっくりくる。

わたしと田中美咲さんは同じ1988年生まれだ。生まれた直後にバブルが崩壊し、世の中的には「失われた30年」と言われる時代の中で育ってきた。社会的な「上り調子」を経験したことがないわけだが、そうした環境には「何をして生きていくのか」ということを根本から問う効果もあった。

そして大学を卒業して、社会人になるタイミングで東日本大震災を経験する。地震、津波、原発事故が組み合わさった未曾有の大災害を前に、大きく価値観が揺さぶられることになる。友人の中には大企業の内定を直前で辞退して、被災地で活動を始める者もいた。

田中美咲さんも新卒で入った大手企業を退職した後に、東北復興支援の団体に所属し現地での活動を始めるわけだが、それくらい東日本大地震はわたしたちの世代にとって、その後の人生に直接的な影響を生み出した出来事だった。

社会的な正義を携え、弱き者にやさしく生きる

田中美咲さんの行動の源泉にあるのは「困っている人がいたら、見捨てることができない」という正義感だと思う。震災、気候変動、社会的な不公平といった問題の前に苦しむ人がいる時、多くの人は「大変だね」

の一言で片付けてしまうだろう。彼女はそうした人がいたら「自分に何ができるのか」を問い、必ず手を差し伸べる。そのような行動を重ね続けることで彼女自身も成長し、より多くの人に手を差し伸べられる活動家になっていったのだと思う。

ある意味では現代の「アンパンマン」のような存在かもしれない。困っている人がいたら、自己犠牲もいとわずに助ける。だが、そんなヒーローと明確に違うのは「困る人が生まれない社会をどうやってデザインするか」という思考も持ち合わせていることだ。

田中さんが立ち上げたSOLITは、困っている人の声を直接聴くところから始まった。そして、事業展開し、より多くの人に届けられる仕組みをつくり、そこから得られたインクルーシブデザインの考え方を社会に惜しみなく提供している。

彼女にとって自社の売上が上がることはゴールではなく、社会が変わることがゴールなのだ。わたしたちが対峙する社会課題は一人の力では解決できない。しかし、彼女のような存在がいることで変革への希望を持つことができる。彼女のように社会的な正義を携え、弱き者にやさしく生きることを、先行きの見えない現代においてわたしたち一人ひとりも目指すべきだと思う。

最後に一つだけ付け加えさせてもらう。まだ彼女に会ったことがない人は彼女の経歴や獲得した数多くのデザイン賞の前に尻込みしてしまうかもしれない。しかし、彼女はその能力のすごさと同じくらいのチャーミングさを持ち合わせていることも伝えておきたい。

第2章

初めての起業は防災がテーマ

防災を文化に

東京に戻ったわたしは、次の災害でこれまでの課題を繰り返さないためにも今後は防災に力を入れるべきだと考え、助けあいジャパンの防災事業担当者になった。この部署では、国内の防災や自然災害についての調査研究をはじめ、新規事業の立ち上げなども行った。

そうした事業に携わっていく中で、わたしは国内の防災関連事業のプレイヤーは数多く存在するのに、横でつながっていない現状を知った。政府や自治体は似たようなことをそれぞれに行っていたり、消防団や町内会、防災関連NGOなども、ターゲットと目的が同じなのにバラバラに活動していたりする場面をいくつも見てきた。

特に地域に根付いた市民団体やNPOは、参加を希望する若者と年長のメンバーの間の対話が十分でなく、お互いの業務配分やコミットに対して不満を持っているなどの複雑な関係性も存在した。そうした事態に加えて、次世代へ団体の引き継ぎがうまくいっていないケースも見受けられた。わたしは第三者が情報整理を行い、対等な議論を行うことによって、防災団体同士の連携がより促進できるのではないかと思った。

さらに、日本は世界的に見ても災害が多いにもかかわらず、政府や自治体が提供しているのは対症療法的な施策ばかりになっていることも分かった。そもそも災害予防に対し、リソースがほとんど割かれていなかったり、避難訓練や消防訓練に参加する人はとても少なかったりする。また、こうした訓練は嫌々参加していることが多く、せっかく得た知識もスキルも記憶に残っていない傾向にあった。

そこで、わたしは防災の意識改革や普及啓発といった事前対策に力を入れて関心を持ってもらおうと、「防災をもっとおしゃれで分かりやすいものにしよう」と決めた。つまり、日本の防災が抱える問題を根本的に解決するためには、将来の防災文化の形成につながる「啓蒙」に対し、もっと力を入れるべきだと思ったのだ。若年層の防災の担い手が少なかったこともあり、まだできることがあるのではないかと思った。

山ガール、森ガール、防災ガール

麻布十番のスターバックスの3階。日が差し込むその場所で、東日本大震災の復興支援活動をともに行っていた友人たちと久しぶりに集まった。この時、「日本では自然災害が起きるのが初めてではないのに、なぜ毎回大きな被害を受けるのだろう」と、これまでの活動で抱いていた違和感を語り合った。そうした語り合いの中で、「復旧・復興をすることはもちろん重要だが、根本的に問題を解決する方法はないか」といった議論になった。さらに、「防災の重要性をみんなが知っているのになぜ対策をしたいと思えないのか」という意見に対し、「防災を分かりやすく発信するＷｅｂメディアを立ち上げてみてはどうか」という意見も出た。

この提案がきっかけでわたしが初めて起業した「防災ガール」が立ち上がった。メインターゲットは20～30代の若年層に絞り、当時流行っていた「山ガール」「森ガール」になぞらえた団体名にすることによって興味を持ってもらおうと考えた。今となっては安易な考えだと思うが、後々政府や企業、海外から数々の依頼が来たことを考えると、この記憶に残りやすいネーミングが功を奏したとも言える。創立メンバーは、わたしと東京在住のＷｅｂエンジニアの友人と京都在住の営業経験があった友人の３人だった。

Ｗｅｂメディアの立ち上げを決めたがいいが、それにも費用がかかる。そこで、クラウドファンディングで資金を集めることにした。このクラウドファンディングでは、まずは最低限の活動をスタートするために必要な資金だけを調達することにし、目標金額を24万６０００円に設定した。この資金でワークショップなどで使う資材や防災グッズやＷｅｂメディアの運用資金、シェアオフィスの家賃などをまかなうことにした。

ちなみに、まだアイデア段階であったわたしたちのプロジェクトは、誰しもが支援したくなったり、リターンがほしくなったりするようなものではなかったと思う。実際、この時の支援者のほとんどが個人的につながっていた人たちや、復興支援仲間、友人、そして恩師の石川さんだった。事業の拡大やサービス展開を具体的に期待したものではなかったが、結果として目標金額を達成することができた。

その後Ｗｅｂサイトが完成するまでの間、わたしたちはFacebookページに防災に関する画像と情報を投稿することにした。さらに、無料かつノーコードで制作できるＷｅｂサービスを用いてＷｅｂメディアのプロトタイプをつくり、Facebookと連動させてフォロワー数を増やしていった。これと並行してＷｅｂメディアのデザインをブラッシュアップしていき、「bosai-girl.com」を立ち上げることができた。

ライフステージに合わせて仕事をつくる

防災ガールは、徐々にＳＮＳや口コミで認知が広がり、活動への参加を希望する問い合わせが増えていった。その中で、創業時は無償でコミットしていたコアメンバーにもわずかばかりの支払いができるようになっていった。しかし、チームメンバーのほとんどがボランティアだったため、それぞれの仕事や家庭の事情などによって活動量やコミットがバラバラだった。

すると、次第にプロジェクトの進捗が芳しくなかったり、連絡が取りづらくなったりすることが増えていった。共感をもとに集まったメンバーで構成されたチームだったが、組織運営は困難を極めるようになった。これらに加えて、メンバー間の連携不足から、チーム内のビジョンや目標を共有することが難しくなったり、チームの機能も損なわれてしまったりする場面に遭遇することもあった。運営側としてはメンバーにプライベートの貴重な時間を活動に投資してもらっている分、できる限り活動しやすくする必要性にも駆られた。

そうした試行錯誤の中で、就職・結婚・出産など、人生の変化に応じた半年ごとの「会員更新制度」を設けることにした。この制度はメンバーが入会・継続・休会・退会を選ぶタイミングをメンバーと相談して決めることで、それぞれのライフステージに合わせてチームへの関わり方を気軽に変えていける仕組みだ。自分で意思決定できるので、より活動に責任を持って関わる人が残るようになった。

今思えばこの仕組みこそ、防災ガールの組織の根幹をつくったと思う。例えば、条件に適した人材を採用するということは、悪く言えば組織が人材を代替可能だと見なしていると言っても過言ではない。しかし、わたしたちは一人ひとりの人生やライフスタイルの中に深く組み込まれるような、言わば家族経営的なスタイルを志向した。そこにいる「人」に合わせて仕事をつくる。さらに、人によって会社が変わっていくアメーバ的な組織体になっていくことが理想だ。後にこの制度は多くの非営利団体に模倣されるようになったので、一定の必要性を理解してもらえたのではないかと思う。

また、メンバーの活動へのモチベーションを維持するために、コアメンバーが積極的にtwitter（現・X）やFacebookなどのSNSを用いて、支援者や共感を示してくれる人たちを可視化する試みも行った。具体的には、わたしたちに言及した投稿にコメントを返したり、活動に協力してくれた方をタグづけしたり、メンバーの活動をしっかりと発信したりした。

今では当たり前のSNSの運用方法ではあるが、当時はまだこうした運用にリソースを割いている団体や組織は少なかった。実際、この試みによってフォロワー数の伸びだけでなく、深いつながりも生まれていった。これによって、定期的に新規メンバーも集まるようになり、防災ガールは80名を超えるメンバーが集う任意団体となった。

誰かがやらなければならなかったことにチャレンジする

２０１４年、社会起業家やＮＰＯが社会の中で活躍することを目的にＮＰＯ法人ＥＴＩＣ．とスタートアップへの積極的な投資や支援をしていたある実業家の方が提携し、「ソーシャルスタートアップアクセラレータープログラムSUSANOO（スサノオ）」と称した社会起業家の育成プログラムがスタートすることになった。これは、全６ヵ月間のプログラムを通じて、先輩社会起業家によるメンタリングをはじめ、協力企業や行政機関とのネットワークづくりや、ピッチトレーニングの機会を参加企業に与え、事業をブラッシュアップしていくというものだった。

当時は「ソーシャルビジネス」や「社会起業」といった言葉がまだ市民権を得ておらず、スタートアップと言えば、成長・拡大を前提とすることばかりが語られていた。しかし、このプログラムでは「市場の失敗分野に挑戦するのがソーシャルスタートアップである」という定義を掲げていた。それゆえ、マーケットの大きさや成功確率だけを議論する他の企業支援やプログラムとは大きく異なっていた。これは今見ても唯一無二だったと思う。

このプログラムは受講生の事業の核となる本質を見つけ出していく中で、「誰かがやらなければばならなかったことにチャレンジする姿勢」にも価値を置いていた。事業の課題を踏まえたうえで、継続的に活動するためには、どのように資本を獲得するのかなどについても既存の枠組みを超えた議論ができる貴重な場だった。

ちなみに、ETIC.の宮城治男さんと実業家の方には、「リーダーとはどのような存在なのか」「既存のシステムそのものを変える視点」などについて教えてもらった。特に、実業家の方はビジネスや物事の見方をガラッと変えてくれた。他の参加者たちも誰もやったことのない分野に挑戦していたり、いまだ誰も価値に気づいていない分野に挑戦したりする人が多かった。その中で生まれた苦しさや厳しさをお互いに吐露し合いながらも、それでも諦めずに切磋琢磨し合う。まさに甲子園を目指す野球部のような雰囲気に包まれたコミュニティでもあった。

このプログラムは83組を支援したことで幕を閉じたが、SUSANOOを卒業した人たちの多くが今も起業家として活動している。心から信頼し合える起業家仲間ができたことは、その後のわたしの活動に大きな影響を与えたと思う。この時期から、起業家仲間の紹介で知り合いが増え、さまざまなビジネスモデルや社会課題を知ることにもなった。

先輩ＮＰＯに学んだマネジメント

防災ガールは若者が防災を広めようとしているという分かりやすい活動内容ゆえ、取材の機会も多かった。その他にも企業と連携した防災グッズの開発や、展示会への出展、社内研修を請け負うなど、徐々に多くの依頼が来るようになっていた。わたしは活動に共感して団体に参加してくれる人が増えていく中で、みんなの想いがもっと花開き、活動が広まっていくような仕組みがないかと考えた。

すると、当時SUSANOOの同期であり、わたしたちよりも先に創業し、活動していたCode for Japanやマドレボニータが、活動の拠点を東京に置きつつもブランチをつくっていたことを知った。防災ガールには関西・中部・九州といった地方に住むメンバーが多かったので、先輩起業家のアイデアを参考に各地域でイベントなどを展開できる「エリアごとのチーム」をつくることにした。具体的には、モデルやタレント活動をする面々で結成された「モデルチーム」、子どもがいるママたちで結成された「ママチーム」など、その強みや活動の目的に合わせて小さなチームをつくっていった。

一方、東京ではわたしを含めた事務局が中心となって、各チームのマネジメントや企業とのコラボレーションを展開する体制を設けた。さらにこの時、事務局とは別に各チームがそれぞれどんなことをしたいのかを議論し合って進める自律分散型のスタイルも採用した。

「防災をもっとおしゃれで分かりやすく」するために、何でもやろうという方針だった。各チームにはリーダーを一人置き、それぞれがやりたいことを考え、各々のチームで実行に移していった。しかし、この時過去最大の内部炎上を経験することになる。

炎上のラリー

活動が多岐にわたる中で2015年には防災ガールを一般社団法人化することに決めた。当時の防災ガールの主なコミュニケーションツールはFacebookグループとグループメッセージだったので、わたしが「防災ガールを一般社団法人化して、『事業』としてやっていきたい」という内容の投稿をした。すると、一部のチームリーダーやメンバーの中から、「現状の形のままで活動を継続したい」という声が上がった。

この時、「事業として運用するには、ボランティアには責任が重過ぎる」「みんなで楽しくやっている状態が好きなので、成果を求めているわけではない」などといった意見も出た。すると、この意見を皮切りに数名のメンバーから日々の小さな不満や疑問などがコメント欄に投稿されるようになっていった。

次第に感情的なやりとりも増え、「美咲さんは何も分かってない」「無償はあり得ない」「自分だけいいとこ取りをしている」といった、規模は小さくとも炎上と呼べるようなラリーが続く状態になった。こうして多くのメンバーから、「諸悪の根源は代表である美咲さん」であるかのような発言が乱立するようになっていた。

わたしは少しでもみんなが気持ちよく活動できるようにしたいという想いから「一番の課題は何なのか」「わたしの何を変えれば解決できるのか聞きたい」という姿勢を見せた。個別に事情を聞きたいと提案したが、「わたしだけが感じていることじゃないんで、個別に聞かないでください」などというリクエストがあり、断念することになった。次第にコメント欄がストレス発散の場と化し、わたしだけの力では到底及ばない状況が続くようになっていった。

わたしはメンバーがボランティアとして関わってくれているという関係性からも何とか話し合いで解決したかった。そこで、創業時からわたしを支援してくれている方に仲裁を依頼した。しかし、批判の声を上げたメンバーから、あくまで早くこの状況を収めたいだけだと思われてしまった。すると、また建設な議論ができない状況が続くようになってしまった。

この内部炎上について振り返ってみると、わたしをはじめとする事務局が普段からのコミュニケーションにおいて、メンバーの不安や不満を十分に掬い上げられていなかったことに原因があったと思う。お互いの信頼関係が強固に築き上げられておらず、コアメンバーの意図やスタンスがうまく伝わっていなかったのだ。

加えて、当事者以外にフォローに入ったり、仲裁役になったりすることができる人もいなかった。つまり、メンバー同士の理解やそれを補完する体制も不十分だったと言える。もちろんお互いに相手を傷つけようという意思などなかった。単純にすれ違ってしまっていただけだったが、結果的に一般社団法人化を経て、メンバーは20名程度に減少した。

この時は、メンバー間の「防災を広めたい」という思いが同じであったのにもかかわらず、「なぜこんなことが起きてしまったのだろう」と、とても悲しくなった。わたしはこれまでの経験から、できる限りそれぞれの声を聞き、彼ら彼女らがやりたいことを優先していたはずなのに、そうしたすれ違いが起きていることにもショックを受け、悔しかった。同時に、わたしの中で中学・高校時代のいじめがフラッシュバックするようになってしまった。しかし、この時は団体の代表であり、責任者でもある立場から、問題を解決するために立ち向かうしかなかった。

チームをゼロから見直す

この分裂を機に、組織の体制や業務をすべて見直し、各種法律や条例の理解を深めながら、環境を整備していった。その一環で事務局の体制も一新することになった。これまで防災ガールはボランタリーに協力してくれる人たちがたくさんいるという構造で成り立っていた。しかし、わたしと同じように組織と事業を俯瞰して見ることができ、立場を超えて対等に議論や対話をできる人に事務局に入ってもらおうと考えた。そこで、チームの中で信頼が置ける人たちに相談をする中で中西須瑞化（すずか）（P066）に事務局長になってもらうことにした。

当時、大学生のボランティアメンバーであった中西は、炎上や活動が停滞している状況を見かねて立ち上がり、状況を整理しながらメンバーに向けてコメントを書いてくれた。この時はまだお互いのことを深く知り合ってはいなかったが、彼女は常に中立で複雑な状況を紐解いて、誰も傷つかないように言語化する能力に人一倍長けていることに気づいた。

例えば、わたしが正義や倫理を盾に前に突き進む「太陽」のようなタイプだとすると、彼女は全体を俯瞰して相手の心を癒し、動かす「月」のような人物だった。まさにお互いにまったく異なる強みがあった。

任意団体の時には福利厚生などの制度を設ける必要はなかったが、改めて法人化することで制度を整える必要が生まれた。だが、既存の仕組みのすべてがわたしたちに合うわけではない。ボランティアベースで運営する組織において給与体系などをつくるのは十分過ぎたので、防災ガールの哲学や組織のあり方をしっかりと伝えていくためにもハンドブックをつくることにした。さらに、企業との提携が増えていく中で、各種契約書類を整備し、その内容を事細かくわたしたちが理解するようにした。わたしたちが譲れない項目に対しては納得できるものに更新していくところまで、弁護士のサポートを受けながら改善していった。

体制の見直しの一環でコミュニケーションの方法も変えた。これまでは、メッセンジャーやチャットなどの文字でのコミュニケーションが中心だったが、炎上を経て、同じ文章であっても人によっては伝えたいことが伝わらなかったり、とらえ方が異なったりすることが分かった。そこで、文字でのコミュニケーションをする時は、その文章以上の気持ちを絵文字やスタンプで表現したり、言葉が足りないなと感じた時は別のコアメンバーが内容を補足したり、フォローしたりするような体制をとることにした。オンラインミーティングの際も必ずカメラを用いることをルール化して、積極的にコミュニケーションをとるようにした。

ビジネスの現場では、すでに決まっているフォーマットや仕組みを活用することが多い。しかし、わたしたちはすべての物事を「まず自分たちはどうしたいのか」という想いをもとに、ゼロからつくっていった。そして、気になることがあれば、常にアップデイトし続けた。

チームからコミュニティへ

防災ガールはチームの連携がうまくいかなくなり、内部炎上した。今後の活動について見直しを余儀なくされたわたしたちは、残されたメンバーで話し合いを重ねることにした。そうした中で、ボランティアメンバーが主体のチームでは、コアメンバーがトップダウン的に意思決定を行う傾向になってしまっていたことや、たとえ共通の目標やビジョンを設定したとしてもそれ以外のメンバーは傍観する以外の選択肢しかなかったことなどの改善点が浮かび上がってきた。そこで、わたしたちは防災ガールに興味を持った外部の人たちが持続的に活動できるようにチームを新たにコミュニティとして再編成しようと考えた。

防災ガールをコミュニティに発展させようと思ったのにはいくつかの理由がある。まず、相互承認を前提とするコミュニティでは、メンバー各自の多様性を理解しあったうえでお互いをサポートすることが求められるということだ。そうした環境が当たり前になると、たとえ連携がうまくいかなくなったとしても組織の自壊を未然に防ぐことができる。また、コミュニティでは関わり方の濃度をメンバー各自で決めていけるというメリットもある。例えば、地域コミュニティには家族という最小単位のコミュニティがあり、それを取り巻く町内会や消防団などのさまざまなコミュニティがある。こうした活動にどれだけコミットするかは個人の判断に委ねられているが、積極的にコミットすることを選んだ場合にはメンバー間の連携やつながりはより強固なものになると言える。

そこで、わたしたちはメンバーへの面談やアンケートを行い、それぞれの背景や個別性に配慮しながら防災ガールのコミュニティのあり方を追求することにした。その流れの中で、「一人ひとりがこの団体に関わり続けたいと思えるかどうか？」「自分のスキルを発揮できるか？」などといった問いについても検討を重ねていった。

さらに、メンバーのマネジメントや入会説明会、対外的な発信の場では「なぜそれを行うのか」「なぜあなたと行うのか」についても言語化していった。そうすることで、防災ガールが発信する情報や内部の制度には理由が生まれた。たとえ、内部にしか影響がないルールや研修の一つであっても、理由なく決めたり、他にならったりということは一切しなかった。こうしたプロセスを経ていく中ですべての物事には理由があり、議論を重ねていくことによって納得感が生まれることも分かった。分からないものがなくなっていく中で、メンバーにも物事を深く伝えられるようになったり、トラブルが起きた時もメンバーを守れるようになった。

また、同時並行でわたしたちの活動に関わったあらゆる人に頼るべき場面ではどんどん頼ったり、反対に役に立つことがあれば、惜しみなくリソースを開示したりすることも行っていった。すると、「防災ガールは面白い」といった理由で仕事を一緒にするようになったり、わたしたちの知らないところで団体の紹介をしてくれたりという機会が増えた。言わば、彼ら彼女らは防災ガールの「サポーター」（支援者）や「ファン」（共感者）だった。時に多くの労力や時間をかけて活動をサポートしてくれることもあった。こうして、防災ガールは外部の支援者を得ながら、ボランティアメンバーも130名まで増え、チームからコミュニティへと進化したのだった。

企業や自治体との協働

一般社団法人となった後に、一番初めに協働したのは、NTTタウンページ社だった。当時の同社幹部がNHK「おはよう日本」で放映された防災ガールの活動紹介を見たことがきっかけで全国規模の連携がスタートした。タウンページには、冊子本体の別冊付録として『防災タウンページ』という媒体があった（防災タウンページは2021年3月31日をもってサービス終了）。この媒体にはすぐに始められる防災対策やタウンページを活用した防災や緊急時の対策方法などが紹介されており、防災ガールはその内容のアップデイトや防災タウンページのＷｅｂサイト化について協働した。

この取り組みでは、全国のＮＴＴタウンページの支店がある地域に出向き、その地域の防災の担い手を取材し、その記事をＷｅｂサイト上で公開していった。このような企業や自治体との協働は当時としては新しい試みであった。わたしたち自身も注目をしていた全国の防災に関する実践者や施設の方々に会えるきっかけとなり、これを機に多くのつながりができた。

その後、日本財団の海にまつわる活動の助成金に採択され、わたしたちは津波防災に対してアクションを起こすことにした。その名も「#beORANGE（ハッシュビーオレンジ）」。東日本大震災以降、日本は津波に対して防波堤や防潮堤をはじめとするさまざまなハード面の対策は増えていったが、ソフト面や時代に合った対策がまだできていない状況だった。そのため、このプロジェクトは生まれた。

例えば、震災以降、他の地域へ移住する人やアドレスホッピングをするようなライフスタイルが増えたが、避難計画は地域コミュニティが前提になっている。そのため、いざ災害が起きた時に情報を周知するなどの十分な対応ができないといった課題があった。これに加えて、デジタルネイティブ世代にとっては見知らぬ近隣住民たちとの共助は単なる押しつけにしかなっていないなどといった声もあった。さらに、現役世代には人生において優先順位が高いものがたくさんあり、町内会や消防団への加入などが大切なことを分かっていても、仕事以外の負担が増えることに対し、気が進まないのは言うまでもないことだった。

そうした課題を踏まえたうえで、わたしたちは日本サーフィン連盟や全国の海の家、そして南海トラフ地震が発生した際に津波被害が想定されていた宮崎県や高知県、鎌倉市、葉山市、逗子市などと連携し、津波防災の普及啓発にチャレンジすることになった。この活動の際に製作したのが「オレンジフラッグ」だった。

これは津波警報が鳴った時に、雨が降ると聴覚に障がいがある人の場合には、サイレン音が聞き取りにくいという課題から生まれたツールだ。視認性の高いオ

オレンジフラッグ

レンジ色のフラッグをライフセーバーが掲げたり、津波避難場所に設置したりすることによって、津波が来た時にいつどこに逃げればよいのかを明確に分かるようにした。

#beORANGEは、海岸で暮らす方々やサーファーやライフセーバー、自治体、町内会や消防団の方々を巻き込むことによって実現することができた取り組みだった。この活動はその展開方法が評価され、2017年7月に国際PR協会の「ゴールデン・ワールド・アワーズ・フォー・エクセレンス」(GWA)の「環境部門」、そして、8月には「In2 SABREアワーズ アジア・パシフィック」の「BRANDING AND IDENTITY 部門」で最優秀賞を受賞することができた。助成金に頼っていたこのプロジェクトは活動が一段落したところで地域の方々に運営を依頼し、現在も一部続いている。

地方に拠点を移し、生きる知恵をつむぐ

わたしたちは次の挑戦として、滋賀県長浜市を拠点に、防災を再定義するプロジェクトを始めた。その名も「生き抜く知恵の実験室WEEL(ウィール)」。この頃になると、事業規模も大きくなり、協働先へのケアや資金面での不安を抱えることなく、自分たちの活動に集中できる環境もつくれて

いた。そこで、わたしたちは「本来やるべきことは何だろう」と一度立ち止まり、改めて問い直すことにした結果、これまでの活動の中での課題を解決するために立ち上げたのがこのプロジェクトだった。

世界にはすでにたくさんのものが溢れていて、新たな防災グッズもたくさん生まれている。だから、わたしたちは今あるものをうまく活用していく方向へと力を入れていったほうがよいのではないかと発想を変えた。

例えば、緊急時であればあるほど、普段使っていない多機能アイテムは使いづらい。たとえデザイン性が優れていたとしても使用頻度の低いものは身近には置かれづらくなってしまうのだ。自宅で被災しているならまだしも、外出中や旅行先で被災した時には、既存の防災グッズや仕組みが活用できないこともしばしば起こる。

そうであるならば、既存のものに頼るよりも、自分自身がどんな状態であっても生き抜いていく知恵やスキルを身につけたほうが緊急時に役立つのではないか。そう考えた時に、目の前にあるものを活用して創意工夫をしながら必要なものを生み出していくことが大切ではないか。わたしたちの先祖が当たり前のようにやっていたことこそが実はもっとも必要なスキルなのかもしれないと思うようになった。

そこで、わたしたちは利便性の高い関東から居住地を移し、プロジェクトを実践することにした。この活動をサポートしてくれるパートナーを探した結果、滋賀県長浜市の地域おこし協力隊の仕組みを活用しながら起業家を誘致するプロジェクトにエントリーすることにした。琵琶湖のほとり、冬は雪が1・5メートルほど積もる地域で、8LDKの大きさの古民家を借り、メンバー3人で共同生活しながら、プロジェクトの数々を実行に移していった。この場所は全国の防災ガールメンバーたちが時々集結する拠点にもなった。

わたしたちは、自治体のサポートを受けながら、地域で野菜を育てたり、ものづくりをしている方々のもとに話を聞きに行ったりした。実際に自分たちも学んだことを試しては、昔ながらのその知恵

生き抜く知恵の実験室WEELの拠点となった長浜の古民家

をアーカイブ化していった。さらに、集めた情報をこれまでわたしたちが被災地域で必要だと感じた対策などと紐付けてアップデイトし、ものに頼らない生き抜く知恵として記事にまとめた。

この記事では、「山で採れる野草をもとに体調を整える方法」や「着物をもとにその場で1着の服をつくる方法」「畑ではない場所で野菜やキノコ、果物などを育てていく方法」などを紹介した。時間や手間をかけながらも自分たちの手で必要なものを生み出していくプロセスは、生活に寄り添い応用が利くという意味でも、わたしたちの防災や減災の根源的なテーマにつながるものだったと思う。

女性社会起業家世界一に

防災ガールは活動が長くなるとともに、規模も拡大し、多くの人に知ってもらえるようになった。7年にわたって防災に関する活動をしていたこともあり、当時は自治体職員以上に防災や自然災害に関する知識や現場を知っているということもたびたびあった。そんなこともあってか、防災のプロフェッショナルとしてイベントの登壇の依頼が来るようになったり、アドバイスを求められたりする機会も増えていった。

2016年には東京都知事が小池百合子氏に変わったタイミングで、災害に対する事前の備えや対処法をまとめた冊子『東京防災』の女性版をつくるプロジェクトが立ち上がり、制作チームの一員として参加することになった。消防庁や総務省などからは、「いかにして若者を巻き込めばいいか」といったテーマで消防団や町内会の担い手不足に対するアドバイスも求められるようになった。この時期には、全国の自治体から防災に関する講演依頼が続々と届くようになり、毎月さまざまな地域を訪れていた。

そうした目まぐるしい日々を過ごしていたある日、問い合わせ窓口に1通のメールが届いた。それはある新聞社から送られたもので、フランスのパリの「Spark News」というグローバルメディアが主催する女性社会起業家のコンペティションにわたしを推薦したいといった内容だった。二つ返事で「もちろんです」と伝えてからは、とんとん拍子で世界の女性社会起業家22名が顔写真とともにFacebookに投稿され、その一覧にわたしの名前と写真が載った。22名の中には、輸血用の血液を発展途上国やアフリカ全土に輸送するマッチングサービスを創業された方などがおり、わたしがこの中にいてよいのだろうかと恐れ多い気持ちでいっぱいだった。

このコンペティションでは、Spark NewsのFacebookページに投稿された各起業家たちの写真とメッセージの画像に対して、一般参加者が「いいね」やシェアすることが共感の指標とされ、その数がもっとも多い1名が優勝となる。優勝者には、パリで開催されるサミットへの渡航費用や、現地でこのコンペティションのスポンサーであるアメリカンエクスプレスのグローバル担当者との対話の時間が提供されるといった内容だった。

当時わたしたちはFacebookページの運用に力を入れ、主戦場としていたこともあり、一般参加者の共感を投稿内容で得るという審査基準は追い風になった。メンバーで協力して情報を発信したところ、何とわたしが優勝することができたのだった。そして、わたしはパリの女性活躍に関するサミットに参加することになった。このことがきっかけとなり、わたしはアジアの防災に関するリーダーが集まるプロジェクトに参加したり、各国の自然災害や防災に関する課題を現地で

Spark Newsの授賞式

解決するプログラムに呼ばれたりするようになっていった。次第に、わたしたちは挑戦の舞台を海外へと目を向けるようになっていった。

しかし、防災ガールを数年続けているうちに、企業や自治体から似たような依頼や講演が届くようになっていることに気づいた。わたしたちは次に来る災害で一人も命を失わないようにするためにはどうしたらいいのかと真剣に悩み活動していたが、依頼の内容は自発的ではない理由が多かった。わたしたちと企業・自治体の間に防災意識の温度差を感じるようになり、モヤモヤとした気持ちを抱えるようになっていった。

01
対談

気持ちよい伴走

中西須瑞化

なかにし・すずか―1991年生まれ、兵庫県出身。幼少期より文章表現に励み、2015年より「一般社団法人防災ガール」の事務局長を務めながらライター業（PRライター、コピーライター等）も兼務。「生きづらさ」に向き合い続けてきた中で、社会課題解決の支援に行き着く。2018年には作家活動も開始。見えないものに目を凝らし、耳を澄まし、誰かにとっての「一点」を残すことが人生の指針。言葉の力で人を生かすひとであり続けたい。

Dialogue

防災ガールを辞めようと思っていた

田中　須瑞化ちゃんは、学生ボランティアとして防災ガールに関わってくれてたんだよね。

中西　大学時代に生協学生委員会という団体に入っていたんですが、そこの活動で大学生協の仕組みや意義を分かりやすく伝えるということもやっていたんです。防災ガールの取り組みや考え方もその活動と似ていたので興味を持ちました。

当時は「防災の普及活動をがんばるぞ」みたいなモチベーションはなかったですし、防災ガールの情報を熱心に追っているわけでもなかったんですよね。

田中　確かに、須瑞化ちゃんが防災ガールに入ってからしばらくの間はお互いについてよく知らなかったよね。一般社団法人化のタイミングで防災ガールが内部炎上するわけだけど、当時はFacebookグループ上でわたしに対する批判のラリーが繰り返されていて何を言っても伝わらない状態だった。

わたしには正論を振りかざして、メンバーにチームのあり方や目標を伝えちゃうところがあるんだけど、須瑞化ちゃんは、チームの事情だけでなく、わたしを批判するメンバーの気持ちも考えて、言葉を選びながら、中立な立場で仲裁してくれたんだよね。

中西　当時の生協学生委員会には100人以上が在籍していて、わたしはその副代表をやっていたんです。途中で辞める人の相談に乗ったり、ケアをしたりということもしていたので、もともとチームにはいろいろなモチベーションの人が集まっているという意識はありました。

田中　わたしには須瑞化ちゃんのような能力はないし、たとえ意識しても同じことはやり切れないなと思ったんだよね。だから、防災ガールの一般社団法人化のタイミングで事務局長になってほしいと声を掛けたの。

中西　美咲さんから声がかかった時、就職して仕事が忙しくなっていたから、実は防災ガールを辞めようと思っていたんです。でも、社会課題を仕事にするという働き方や生き方もあるんだって、この時初めて気がついて。面白そうだと思ったから、事務局長を引き受けることにしたんですよね。

議論に遠慮はない

田中　防災ガールの時はお互い20代で体力もあったから合宿をして議論することもあったよね。時間を決めずにとことん会話をしていたことを思い出すな。

中西　長浜の古民家で共同生活したこともありましたね。当時は防災をビジネスにしたり、若い女性がWebを使って活動したりするのが珍しかったのもあって美咲さんに憧れてチームに入ってくるピュアな子たちが多かったけど、そうなるとイエスマンが増えてしまうなとも感じていました。

わたしは美咲さんをすごい人だなと思いつつ議論のうえで遠慮は不要だと思っているけど、今振り返ると、お互い感情的にならずに建設的に話し合える関係性がすでにできていたんだと思います。

田中　防災ガールの終わり方や次の事業展開についてまず相談したのも須瑞化ちゃんだった。須瑞化ちゃんには当時から防災ガールでの関係性だけじゃなくて、二人の人生を通じて防災ガールの時期があったというような感覚を持っていたの。

中西　防災ガール解散の時も、美咲さんが「活動に違和感がある」と言っているのに続けるのは変だと思ってすぐに受け入れられました。わたし自身もきっと二人でやれることがもっとあるだろうという予感はあったし。

田中　防災ガールの有機的解散後は、お互いインプットの時期をつくろうという話になったけど、常にお互いの人生や幸せについての対話は続けていたよね。どんな形であれ、社会課題を解決していきたいというお互いの共通目標を確認できたのもこの時期だった。

気持ちよく、持続的に

中西　この時期の会話の中で美咲さんが「よい活動をしているのにＰＲやブランディングがうまくいっていない企業や団体が多いことに違和感がある」と言っていましたよね。この発言がきっかけでmorning after cutting my hair（以下、morning）を共同で立ち上げることになりました。

田中　防災ガール時代は、防災に対するわたしたちと周囲の間の温度差も感じていたから、morningでは好きな人や企業としかやらないと決めたんだよね。その後、事業のスピード感を重視してわたしが単独でSOLITを立ち上げたわけだけど、須瑞化ちゃんには現在もSOLITのブランディングやＰＲの面でも強みを発揮してもらっている。

中西　morningもSOLITもn=1（個別性）を企業として大切にしていますよね。企業にとっては大きなカテゴライズで区切っていったほうがプロジェクトは進みやすいという側面があると思いますが、わたしたちはそうしたことはあえてやらないと決めている。

田中　須瑞化ちゃんといつも話していることだけど、わたしたちが夢見る「オール・インクルーシブ」な社会を実現するのは、一生かかっても難しいかもしれない。だから、わたしたちは活動の持続性を重視すべきだと思うし、それはクライアントを選んで気持ちよく活動したいというわたしたちの想いと地続きになっていると思う。

中西　それにはわたしたち自身の目の前にいるクライアントやメンバーが語る言葉をきちんと受け止めて一緒に伴走していくことが大切だと思っています。今後も温度感のある関係性を失わないようにしたいですよね。

第3章

言葉にならない想いを形にする

有機的解散と発展的承継

防災ガールを立ち上げて7年目になり、事業は軌道に乗っていたが、わたしたちはふと「オワコン感」があるかもしれないと感じるようになっていた。「惰性で続けているのではないか。すでに古くなったものを、チヤホヤされるから続けているのではないか」と思うようになった。防災ガールはさまざまな国内外のコンペティションで賞を受賞することができたが、今の規模やメンバーのリソースでもう一歩先にいくことを考えると、業態を変えなければならないとも思った。

そこで、メンバーのみんなで防災ガールが「今後どうあるべきか」について考えることにした。代表交代やバイアウトなどさまざまなパターンを考えたが、結局、問い合わせや相談はわたしや防災ガールに来てしまう。嬉しい悲鳴だが、それはわたしたちが求めている状態ではなかった。このまま活動すれば、正直事業は拡大できるし、今よりも稼ぐことはできるだろう。しかし、それだと、わたしたちの存在がボトルネックになり、次世代へと防災文化が引き継がれなくなってしまう。

競合するライバルもほとんどいないため、経済的にはこの状態がベストではあったが、わたしたちの目的はそうではなかった。解散することも選択肢ではないかと考えたが、防災はわたしたちだけの問題ではなく、社会全体で情報を共有して仕組みをつくっていく必要もあった。だから、今まで培ったノウハウを他団体に引き継ぐ有機的な解散をすることに決めた。

そこで、わたしたちは防災というフィールドでチャレンジしようと決めた次世代の団体を公募することにした。国内には、防災にチャレンジしようとしても、資金面が厳しい団体や、情報発信が苦手な団体が複数あることも知っていた。社会では新しい防災が求められているのに、その方法が古くなっていることも感じていた。だから、わたしたちのノウハウやスキルを全部引き継いでもらい、防災のニーズを他団体に流せないかと考えた。

多くのエントリーがあった中から面接をして、事業を継いでほしいと思う人たちを選抜した。その後、6年間で培った知識・ノウハウを引き継ぐプログラム「IMPACTFUL ACCELERATE PROGRAM FOR DRR」を実施することにした。防災ガールという一本の矢印ではなく、分散した大量の矢印で「潮流」をつくり、社会を変えていったほうがより防災文化の浸透が加速することは間違いないだろう。こうして六つの団体に事業を引き継ぐことになった。

大変ありがたいことではあるが、「防災ガールを解散しよう」とみんなで話し合いをしている時ですら、講演依頼や問い合わせが止むことはなかった。この時、わたしたちしか防災の担い手がいないのかと、その状況に危機感を抱いたと同時にまだまだ防災ガールのような団体のニーズはあると思った。

課題を面でとらえ、立体的に解決する

防災ガールは、わたしの20代のほとんどを費やした活動だった。同級生や同世代の仲間たちは、会社に勤めながら土日を趣味に充て、飲み会や遊びに行ったり、ヘアメイクやファッションを楽しんだり、すでに結婚や出産をしている人も多かった。一方、わたしは休みなどなく、一心不乱に仕事をしていたこともあり、その活動が終わりを迎える未来のことなどまったく想像していなかった。

防災ガールの運営の重圧から解放され、自由と幸せを感じていたのも束の間。わたしは会社員としての経験がほぼないまま起業してしまったこともあり、何の専門性も身につけていないことが分かった。これまで自分の実行力だけで事業を進め、突き詰めてきたため、すでに30代に差し掛かっていたものの、どこかの企業で働けるような十分なスキルや専門性がなかったのだ。そのため、転職活動は難航した。

わたし自身はこれまでの活動に何の後悔もなかったが、自分を俯瞰して見つめ直した時に何者なのか分からず、途方に暮れた。それでもなおこれまで携わってきた防災に限らずとも、何らかの社会の課題解決のために自分の人生を費やしていきたい、という想いだけは変わらず胸の中に抱いていた。そこで、自分のこれからの人生と活動の方向性を見定めるためにもさまざまな人に会いに行く時間を積極的につくった。そうした中で、防災ガール時代の事務局長の中西とはこれまでの活動を振り返りながらこれからの未来について何度も語り明かした。

先述の通り、彼女はわたしが表現しづらいことを的確に言語化し、わたしの中のモヤモヤした気持ちを明快に晴らしてくれる唯一無二の戦友だ。彼女との語り合いの中で、この世界では自然災害・防災だけでなく、さまざまな社会課題が複雑に絡み合っており、特定の課題を解決しても社会全体がよくなるのは難しいのではないかという意見が交わされた。そこで、わたしたちは社会構造的に生み出され続けている複雑な社会課題を面的にとらえ、立体的に解決していくことこそが必要なのではないかという結論に至った。

わたしたちは防災ガールの事業承継をする際に、それぞれの承継先の解決したい課題やその事業の状況もヒアリングしていた。そのプロセスの中で、承継先の複雑に絡み合った問題を解きほぐしながら、その課題以外にも活用できる知識や情報をリソース化していた。さらに、承継先が社会構造の変容にスムーズにコミットできるよう、多様性や人権など、さまざまな課題をキーワードにした各分野の専門家や社会起業家とプレイヤーたちをつなぎ合わせることも行っていた。こうした背景を持っていたことから課題実践者の伴走支援といった、わたしたちだからこそできる活動があるのではないかという結論に至った。

一言で表現できない感情を大切にする

防災ガールの事業承継を経て、わたしと中西は新しい会社の設立準備を始めた。そして、社会課題解決に特化したPR会社morning after cutting my hairを立ち上げた。わたしたちは、防災ガールの組織改善や事業推進で学んできたノウハウをもとに、会社の名前やあり方を自分たちでゼロからこだわり、つくり上げていった。

会社名は、直訳をすると「髪を切った次の日の朝」となる。現代ではこうした一言で言い表せない状態や感情をカテゴライズしてしまいがちだ。だが、わたしたちはそこから抜け落ちた大切な感情や要素を拾い上げるような活動をしたいと思っていた。また、髪を切って鏡を見た時のワクワク感は誰にも否定されることなくとても大切なものだと思う。そうした儚さや尊さをより多くの人に伝えるためにも、わたしたちは社会課題に特化した事業をしていきたいと考えた。

この会社では、情報発信が苦手でなかなか活動が広まらない企業や非営利団体を対象に、その活動をより多くの方に伝えるためのＰＲや企画開発を行っている。さらに、わたしたち自身が気持ちよく働き続けるためにも、恋に落ちるほど心から好きになったクライアントとしか契約しないと決めている。ＰＲ会社やデザイン会社はクライアントの依頼に従って活動するのが一般的だが、わたしたちが事業をゼロからスタートし、事業承継や社会課題の現場などにもいた経験を踏まえ、クライアントに対し、同じ目線に立って相談を受けることを心掛けている。

課題をヒアリングした後は事業の根本からの見直しを提案するとともに、その課題が社会構造的にどのようなものとして位置付けられているのかを分析するようにしている。そのうえで活動をどのように、誰に伝えていくべきなのかをともに議論し、アウトプットすることまでを伴走している。

この会社で扱っている業務は、一定の領域には限定されない社会課題の解決が目的になっているため、わたしたちにとっても、やりがいと知的好奇心を掻き立てられる内容になっている。例えば、既存のクライアントと新規クライアントが感じている課題がお互いの知識や経験をシェアすることによってともに解決できたことがあったり、知識やリソースの活用によって、一つの課題を解決しても新たな課題が生まれてしまうといったクライアントの抱える負の連鎖も改善できたりするようになった。

現在もこの会社は存続しており、業界を超えて課題の構造的な理解と解決をしたいと考えている企業や非営利団体が依頼してくれている。最近では、すでに製作された商品や広告媒体の倫理観を検証するエシカルチェックなどの依頼を受けることも増えてきている。

30代からの学び直し

新規事業を立ち上げたものの、それでもなお自分のキャパシティの狭さや視点の限界を感じていた。このまま活動していてもアウトプット過多になり、早い段階でできることに限りが出てしまうと思った。そこで、改めて自分自身の視座や知見を広げるために学び直そうと決めた。

もともと関心のあったデザインを学び直すために国内の芸術大学や美術大学を調べたり、海外のアートやウェルビーイングに関する大学院を調べたりしていたが、石川さんが「日本の大企業の人材が集まるビジネススクール大学院大学至善館ができる」と教えてくれた。だが、当時は「わたしが学びたいことがビジネススクールにあるのだろうか」と思い、その情報にあまり関心が持てなかった。

ところが、その後にインドネシアで出会った同世代の友人から、「資本主義の時代に社会課題を解決していこうとするのであれば、ビジネスについて学び、それらをグローバルの視点でとらえ直すスキルを培うのはとてもよいことなのではないか」とアドバイスをもらった。この言葉がきっかけでもう一度大学院の情報を見直してみることにした。

2018年に創設されたこの大学院は経営者を創出することを目指す教育機関で、世界各国から生徒が集まり、授業の半分は英語で行われていた。カリキュラムの中核にリベラルアーツがあり、ファイナンスや経営などビジネスに関する授業以外にも、哲学や宗教やパフォーミングアーツといった社会の根幹をなす思想や芸術なども学び直す授業がたくさんあった。

ビジネスのハウツーを学ぶだけなら、会社を経営してきた自分がもう一度ゼロから学び直すことに意味があるのだろうかと考えていた。だが、社会構造を理解したうえでビジネスや経営をとらえ直すのであれば、構造的な学びになるのではないかと思った。しかし、これらの情報を知った時には時すでに遅し。エントリーの時期は過ぎていた。そのため、翌年その大学院を受験し、入学することにした。

通常このような大学院は、大企業に勤める日本人男性が多く入学する。ソーシャルセクターかつ女性であったわたしは、学びが多角的になるように設けられた「奨学金」の制度を活用して入学することになった。エントリーには推薦者が2名必要だったので、わたしの人生を大きく変えてくれた恩師・石川さんと防災ガール時代にお世話になった小野田峻弁護士に推薦状を依頼することにした。

入学時には推薦状の中身を本人に見せることは許されていないが、後日その中身を見せてもらう機会があった。石川さんは「愛と勇気」をキーワードに端的にわたしを推薦してくれていた。小野田弁護士は、いくつかの書籍を引用しながら、「わたしのような猪突猛進に社会課題解決に人生をかけて挑む存在が、現代の資本主義社会の中で『ビジネスの力』を身につけていくことがどれだけ社会的に意味のあることなのか」を複数ページにわたって論じてくださっていた。

ファッションに対する特別な想いに気づく

至善館の授業の中には、自らのうちに秘める想いやアイデアを具現化していくものがあり、その一環で、自分が偏愛するものの写真や絵を集めてコラージュするというプログラムがあった。通常であれば、事前にリサーチするところだが、この授業では、わたし自身が知らないわたしと出会うべく、仕事とは一切関係のない、ただ無心に気になるものを集め、スケッチブックに貼り出すことにした。

すると、わたしは形状の美しい黒いワンピースや光や風の入る部屋、おばあちゃんが幼い子を抱いている風景などを貼り出していた。コラージュした当の本人であるわたしにも正直なところ、これらの写真を貼った理由は分からなかった。感覚的にそれらを選んでいたのだった。

　わたしは不定期になぜか毎回似たような夢を見ることがある。この時期も同じ夢を何度も見た。その夢の風景は、光の差し込む小さな部屋の一室で、わたしが心静かに過ごしているものだった。この時わたしが見ていたのはまるで、フェルメールの絵画「牛乳を注ぐ女」に入り込んだような世界観だった。

　わたしは椅子に座り、古めかしいミシンで衣類を仕立てていた。この時、夢の中で偏愛している対象がなぜか服であっ

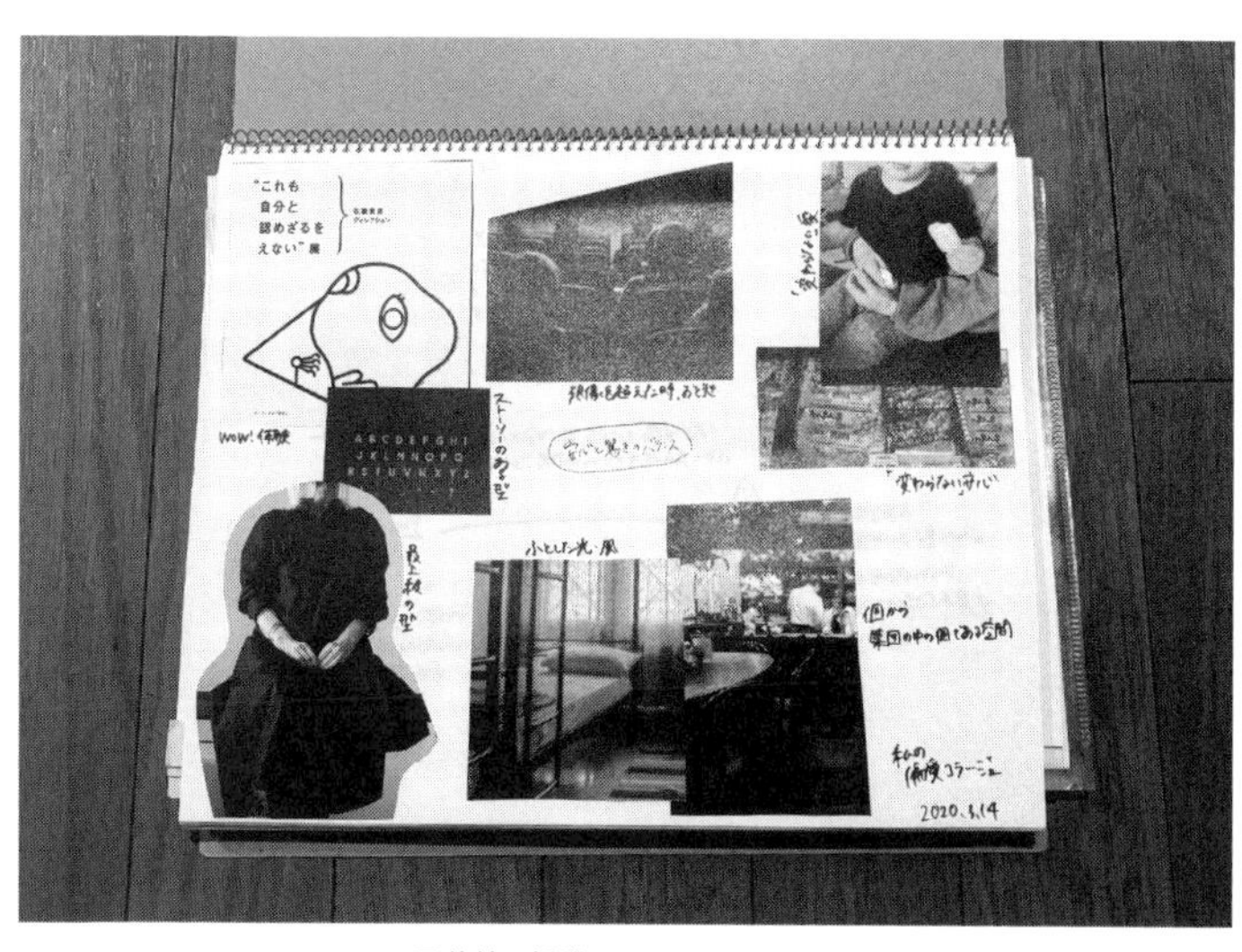

至善館の授業でつくったコラージュ

たことを不思議に思ったが、それ以降何度も夢の中でわたしは服をつくっているのだった。なぜだか分からないが、服に対する特別な想いがあることに気づいた。だが、それまでの人生の中でファッションに情熱を注いだことなどもなかった。

そうした奥底にある想いに気づいたものの、わたしにはアパレルに関する知識は一切ない。それでも心の中で感じていたことを文字に表したり、描いてみたりする中で、自分自身が幼少期から好きな服を着られた経験が少なかったことに気づいた。そして、わたしの友人たちの中にも本当は着たい服があるのにもかかわらず、世間体や自分の体型や障がいなどによって選択肢が奪われている人がいることも知った。

さらに、わたしは以前から国内外のさまざまな環境問題を調べる中で、ファッションに関する課題について関心を持ち、現地のアパレル廃棄物のごみ山などを見学したことも思い出した。こうした自分の中にあるファッションやアパレル産業に対する違和感をヒントにしながら、イメージを表現し、課題を見つけ出してその解決方法を模索していった。

こうしたプロセスを経る中で、わたしは最終的なビジョンを1枚の絵として描くことになる。その絵は障がいやセクシュアリティや体型に関係なく、さまざまな人が中心に描かれていて、その人たちが着古した服は機械の中に入れられ、繊維になり、それが再度ゴミが出ない形で縫製されていく様子を描いたものだった。つまり、服の廃棄が出ない循環型のシステムと多様な人が自分の好みに合わせて服を選べるという状態を表現していた。明確なビジョンを得たわたしだったが、これを実現するためにはどこから手をつければいいのかまったく分からず途方に暮れた。

一時期は大学院を辞めて服飾系専門学校へ進学したり、プロの協力を仰いだりすることも考えたが、団体を解散したばかりで貯金も乏しく、叶わなかった。しかし、自然災害をはじめ気候変動、地球環境について学びを深め、さまざまな社会課題の現場を訪れてきたこともあり、わたしにはただ単に消費される新しい服をつくるという選択肢や発想はなかった。

「できないことをできるようにする

SOLITの出発点となったビジョン

時間があったら、その分、強みを生かしたほうがよい」という自分の信念に従い、過去の経験や知識、つながりなどを活用しながら、わたしだから語れる環境・人権問題にフォーカスした服づくりをしようと心に決めた。

運命のミーティング

大学院の同級生で、以前車椅子バスケットボールをしていた友人ができた。彼との雑談の中で、「ジャケットの着脱がしづらい」という話を耳にした。この時、わたしは「手に麻痺があったり、普段車椅子を使っていたりすると服の選択肢や着脱の方法が変わるのだ」ということを初めて知った。

ちょうど時を同じくして大学院の同級生の紹介でアパレル企業のデザイナーとも知り合うことになる。彼は商業ファッションの世界で働きながらも、自分の子供に自信を持って紹介できる業界ではないと感じていた。だからこそ、彼は子供たちに自信を持って伝えられるようなサスティナブルなアパレルの未来を夢見ていたのだった。

志の近さを感じたわたしは、「一度ミーティングに参加してみませんか」とそのデザイナーに持ち掛け、車椅子ユーザーの友人、デザイナーを紹介してくれた友人とわたしを含めた4名で、ミーティングを開くことにした。オフィスもなければ資金もなかったわたしは、とある会社のミーティングルームを休日に使わせてもらい、市販のジャケットをいくつか購入し、それを分解しながらより着脱がしやすいものを検証していった。

2020年6月には仲間たちとともに、車椅子ユーザーや四肢に麻痺のある方にとって着脱しやすいジャケットの試作品をつくっていった。すると、車椅子ユーザーである友人は「車椅子に乗っていると、スーツ特有の縫製が車椅子の操作に不自由さをもたらすんだ」と、試作

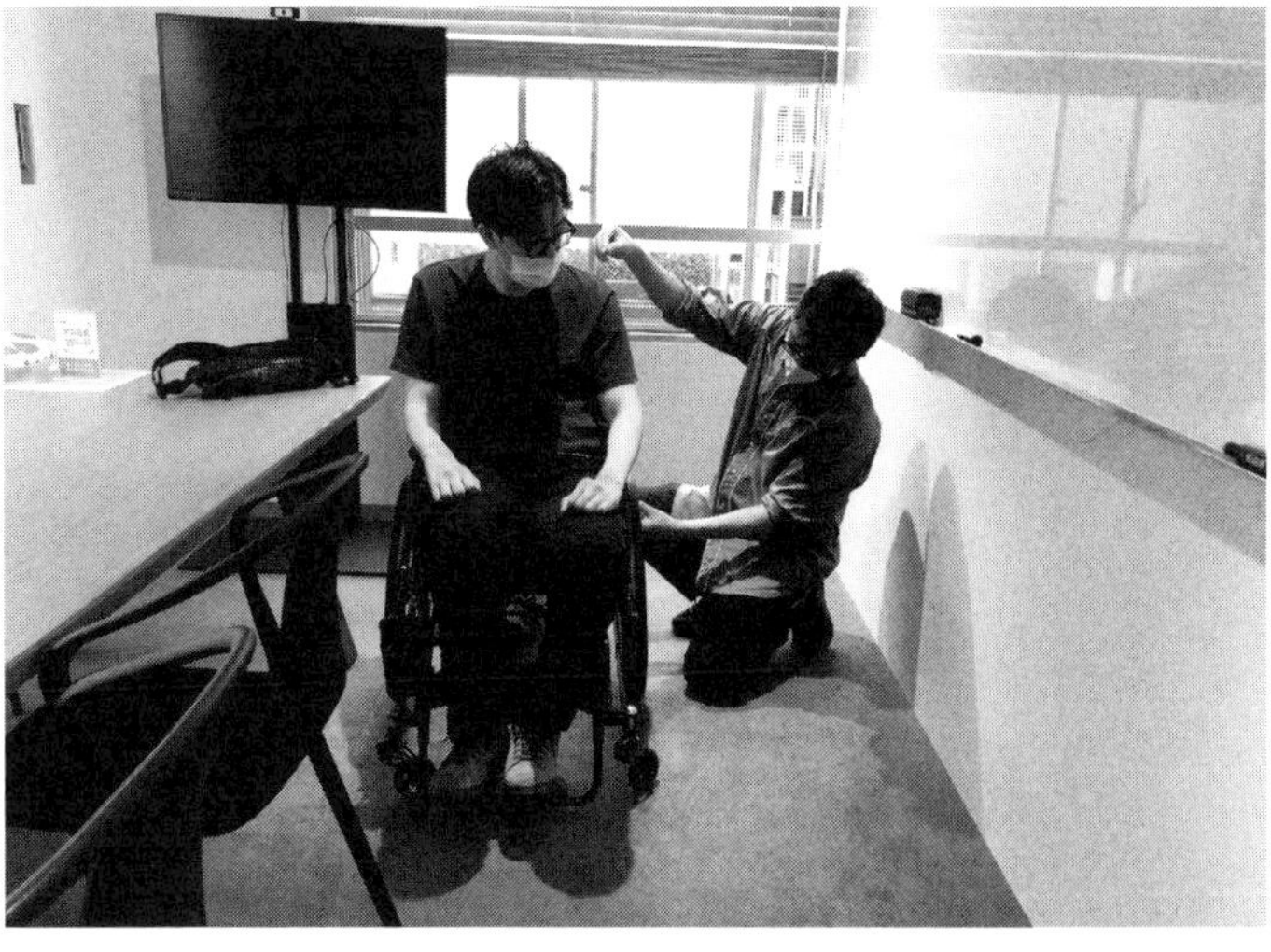

ジャケットの試作品づくりの風景

品のジャケットの課題を指摘した。

そこで、このジャケットを着用してもらったうえで、前かがみになってもらったり、車椅子をこいでもらったりしながら、どの部分の縫製を変えれば心地よく着用できるかを徹底的に話し合った。そして、2週間後に問題点を改良したジャケットの試作品を再度提案することにした。

その後、わたしたちは約束通り、2週間後に再会し、車椅子ユーザーの友人にでき上がったジャケットに袖を通してもらった。すると、一人でジャケットを着た友人は、「こんなに気持ちよく服が着られたのは初めてだ」と呟いた。その瞬間、現場の温度が確実に上がった。たった1枚のジャケットが、人に感動をもたらすこともあるのだ。場の高揚感が、わたしたちを包んだ。このジャケットは車椅子の操作がしやすいよう可動域を広げるために脇にマチをつけ、前かがみになっても胸元が開き過ぎてはだけないように、ボタンの位置を4㎝程度上げたのだった。この試作品が世界で名を轟かすことになるとは、まだ誰も知らなかった。

医療福祉従事者を巻き込む

誰もが心地よく着られる服をつくるためには、多角的に研究することが必要だと思ったわたしたちは、2020年8月から毎月病院やリハビリテーション専門ジムでのヒアリングを行った。さらに、チームメンバーの知り合いを辿って、全国の病院や福祉施設で通院・リハビリなどをされている方々を対象にGoogleフォームを用いて100名弱のオンラインアンケートを実施した。

その後、収集した情報を分類したうえで、原因が分かりにくい課題については、ZoomやGoogle Meetを活用してアンケート回答者にオンラインでヒアリングをした。具体的な身体の可動域に関する課題が生じれば、実際に会って状況を確認したりもした。

その他にも1日の生活の流れの中で服の着脱が発生する場所をチェックしたり、購買から廃棄に至る行動の一部始終のリサーチをするために、実際に当事者の自宅や病院に伺い、傍で目視も行った。こうしたプロセスを経ることで、当事者の個人的な情報を踏まえたうえで、日常生活のフロー上での課題の分析をすることができた。

だが、それでもなお当事者あるいは服自体の課題なのかについては、わたしたちのデータだけでは見当がつかなかった。そこで、人体や心理メカニズムを熟知したうえで、服をつくらなければならないという結論になり、知人を通して福祉や医療に携わる仲間たちに声を掛け始めることにした。

すると、作業療法士、理学療法士、鍼灸師、介護士、リハビリテーション医のメンバーが集まり、これまで収集してきた情報がどのような症状や生活環境に起因するものなのか、はたまたどのような原因で生じるものなのかなどについて要素を分解し、マッピングしてくれることになった。

それと並行して、プロダクトデザインやファッションデザインを行うメンバーが医療的観点から分析されたデータを用いて、プロダクトの構造的な課題をどのように克服すればいいのかについて検討していった。これらに加えて、より多様な人が着用できるデザインを追求するために、ファッションの歴史や文化人類学を専門とする仲間を集め、「ファッションが人間の心理や生活環境をいかに変化させていったのか」などに関する論文をいっしょに読み漁っていった。

多様なバックグランドの仲間が集まる

「SOLIT!」という幕開け

プロダクトの試行錯誤を繰り返して、２０２０年9月には、多様な人も動植物も、地球環境も考慮された「オール・インクルーシブ経済圏」の実現に向けてSOLIT株式会社を創業した。近年日本ではダイバーシティ&インクルージョンという言葉をよく耳にするが、そこで語られるインクルーシブの多くが人間中心となっている。

しかし、わたしたちは「多様な存在を包括する」といった思想においては、人間だけでなく、動植物や地球環境にも配慮すべきであると考えている。言わば、これはヒューマンダイバーシティではなく、バイオダイバーシティまでをも包括したものだ。わたしたちはインクルーシブのその先を行くという意味合いも込めて、オール・インクルーシブという造語をつくり、企業のアイデンティティとして掲げることにした。

そのファーストステップとして、ファッションブランド「SOLIT!」を立ち上げることになった。ブランド名のSOLITとは、英語のスラングで「めちゃくちゃいい、ヤバい」という意味だ。わたしたちは「女の子なのに〜、障がい者だから〜」といった枕詞をつけることが多い。これは社会が各個人に属性を強いていることの一つの表れのように思う。

　さらに、わたしたちは本来属性に関係なく生きているはずなのにもかかわらず、メディアや学校や会社などによる勝手なカテゴライズによって個人の価値を決められてしまうことがある。そうしたカテゴライズによっていつの間にか自分ではない人やものに自己同一化されてしまうという状況があることに対し、わたし自身常に息苦しさを感じていた。

　だからこそ、「ファッションを楽しみたい」という純粋な気持ちで、属性に関係なく「それって素敵だね」という声が飛び交う世界になったらどんなに素敵なことだろうか。そんな想いをブランド名に込めた。

SOLIT!のビジュアルイメージ

SOLIT! の製作は企画段階から当事者を巻き込み、対等な議論の中でデザイン開発を行っていく「インクルーシブデザイン」の手法とセミオーダー制・受注生産を掛け合わせることにした。なぜなら、従来の大量生産型の開発・販売方法で展開するファッションビジネスの仕組みはわたしたちの思想にはフィットしなかったからだ。自分たちの想いを伝えるためにも「必要なものを必要な人に必要な分だけ届ける」という仕組みを新たにつくる必要があった。つまり、地球環境や全体最適を考えて生産するという方法こそがわたしたちのあり方に合っているのではないかと考えた。

そこで、わたしたちの思想を体現すべく障がいやセクシュアリティ、体型や年齢などを問わずに、それぞれの好みや体型に合わせてファッションを楽しめるよう、部位ごとにサイズ・デザイン・丈を選べるセミオーダー制の服を製作することにした。なぜなら、たとえ身体に障がい

第1弾商品のDawn Jacket

のある方が着やすい服をつくったとしても、あくまでそれは一つの課題を解決したことにしかならないからだ。わたしたちが目指すファッションは障がい者かどうかや体型がどうかとかいったこととは関係なく、誰でも自由に選択できる状態をつくることだった。

こうして、メンバーやたくさんの方々のサポートを得ながら、第1弾商品「Dawn Jacket」ができ上がった。「幕開け・夜明け」を意味する「Dawn」を冠したジャケットによって、わたしたちはこれまでの息苦しかった世界を変えるきっかけとしたいという想いを込めた。

資金調達の苦しみ

ブランドの立ち上げの際に必要なプロトタイプ製作費やＷｅｂ・ＥＣサイト制作費用は自己資金や銀行からの調達で何とかできたが、商品リリースに向けた運転資金の調達には苦戦した。協業してくれる企業を探したり、銀行に相談したりしてみたものの、融資や調達を断られることが多かった。

わたしたちが創業した時には、すでにファッションやアパレル市場が伸び悩んでおり、成長市場とは言いづらかった。すでに多くの企業がファッション業界に参入する中で、ファッションに関する経験がなく、単なるアイデアフェーズで、スキルもないわたしたちには投資・融資価値を感じてもらいにくかったこともあったと思う。

さらに、わたしたちはマスではなく、課題や障がいを抱える当事者などをメインターゲットにしていた。成長市場ではないアパレルであるうえに、マイノリティがターゲットとなると、投資する側から見た場合には投資・融資する価値がないと判断されることが多かった。わたしたちはそうした状況を変えたいと思っていたが、儲かることを前提にした投資の検討となると、十分な反論ができなかった。

また、事業に対する投資や融資がうまくいかなかった理由としてわたし自身が要因となっていた部分もあった。一つ目はわたしがすでに3社目の起業だったということだ。SOLIT株式会社そのものは創業間もなかったが、わたし個人としてはすでに5年以上の創業経験があり（分野も業態も違うことからこの年数はあまり意味を持たないと思うが……）、3社目の創業という経緯もあったため、補助金や助成金を受け取ることができなかった。実は日本の投資機関は何度も繰り返し挑戦するということに対して、ポジティブな反応を示してくれるところがいまだ少ないのだ。

二つ目は女性のファウンダーという観点から将来結婚や出産をする可能性があるということだ。たとえ一時的であったとしても事業を止めざるを得ない状況になることは投資上のリスクと見なされていた。もちろんそれを直接的に言われたことはない。だが、男性であれば聞かれることもなかったであろう問いは少なくなかった。

また、銀行からはSDGsや女性活躍を推進する背景から「女性用融資」といったカテゴリーで資金調達することを提案されたこともあったが、性別で融資が決まるということに対する違和感から融資の申し込みを躊躇していた。このままでは時間だけが過ぎていき、メンバーや活動をサポートしてくれた方々の努力が水の泡になってしまう。そこで、クラウドファンディングでの資金調達に踏み切ることにした。

まだ製品の開発段階であったことから、クラウドファンディングでは商品の購買を促して支援してもらうのではなく、ブランドのコンセプトや理念を伝える方法をとることにした。わたしたちの理想をしっかり語ることによって共感してくれる方々の支援を集めようと思ったのだ。このクラウドファンディングには、プロダクト製作のヒアリングに協力してくれた方や、防災ガール時代からの支援者の方々、大学院時代の事務局の方や同級生が参加してくれた。それ以外にも紹介ページを見て、今まで服や社会に対して違和感や課題を持っていた方々や、アパレル関連の工場や病院なども出資をしてくれた。

その結果、2020年11月から12月までの1ヵ月間で187名の支援者と、目標400万円に対して414.5万円の支援金額が集まった。国内外問わず、さまざまな場所から支援が寄せられ、わたしたちはSOLITのニーズを再確認することができた。こうした皆さん方の温かい想いに支えられ、SOLITはスタートを切ることができたのだった。

02
寄稿

小さいからこそ偉大である

澤田智洋

Contribution

さわだ・ともひろ｜世界ゆるスポーツ協会代表理事・コピーライター。東京2020パラリンピック閉会式のコンセプト／企画を担当。2015年に誰もが楽しめる新しいスポーツを開発する「世界ゆるスポーツ協会」を設立。これまで100以上の新しいスポーツを開発し、25万人以上が体験。海外からも注目を集めている。著書に『マイノリティデザイン』『ガチガチの世界をゆるめる』『ホメ出しの技術』がある。

時代の流れを読むセンス

田中美咲さんに初めて会ったのは、２０１6年の渋谷で行われた地方創生イベントだった。当時の田中さんは防災ガールで活動していた時期で、イベントの中で「防災をポップに変えたい」と話していたのが印象的だったのを覚えている。

わたしは年齢・性別・運動神経にかかわらず、誰もが楽しめる「ゆるスポーツ」を提唱しており、スポーツのイメージをユーモラスにポップにしたいという想いがあったので、田中さんの活動に共感を抱くようになった。

それ以降もさまざまなイベントで顔を合わせる機会が増え、２０１8年には自然災害のように突然表情がクルクル変わる「スポーツお面」をかぶって行うスポーツ「エモ鬼」を共同開発するなど、コラボレーションの機会もあった。

その後、田中さんは防災ガールを解散し、インクルーシブファッションブランドSOLIT!を始めたが、わたしは田中さんの時代の流れを読むセンスに驚かされた。

それというのもSOLIT!が立ち上がる2、3年前から3Dプリンターなどの技術革新があり、パターンオーダーのコストが大幅に下がっていたからだ。ビジネスは早くに参入し過ぎてもマーケットがないし、反対に遅くなるとライバルが増えてしまう。SOLIT!は絶妙なタイミングで生まれたブランドだと思う。

多様なメンバーを巻き込むチームビルディング力

わたしは2018年にインクルーシブデザインの発想で世の中を変えていくプロジェクト「０４１（オーフォアワン）」をUNITED ARROWSと協業で立ち上げたが、大企業とのコラボレーションのため、ＫＰＩ（重要業績評価指標）の設定値が高く、サスティナブルな事業として続けていくことに難しさを感じていた。

だが、SOLITはスタートアップ企業であるからこそ、そうした数々の困難に抗いながら、ブランドを継続している。SOLITには素晴らしい強みが多数あるが、特筆すべきはチームビルディング力の高さと田中さんの「人を巻き込む力」だろう。

SOLITはデザイナーをはじめストラテジストから医療従事者、当事者など多様なメンバーで構成されているが、そうした人たちにも各々の目的や考えがあるはずだ。しかし、田中さんはチームの一人ひとりに対して「わたしたちがつくりたい未来に向けてあなたの力が必要だ」ということを明確なビジョンを持って語ることができているのだと思う。そうして多様なメンバーの存在価値を認めて巻き込みながら、各々の力を最大限発揮できるようにしているのだろう。

最近は各所でＳＤＧｓという言葉が提唱されているが、わたしは企業活動においては「ＳＢＧｓ」(Small But Greats：小さいからこそ偉大である)こそがあるべき姿だと思っている。

企業で働いているとスケールを広げることばかりを求められるが、無理を強いると、環境破壊が生じたり、従業員のメンタルヘルスに問題が生じたりしてしまうこともある。だから、企業が本来の目的を達成するという意味においては、かえってスモールでいるほうがメリットがあるのではないかとわたしは思う。

田中さんには周囲の声に屈せず、SOLITの目的を実現し、新しい物差しをつくってほしいと願っている。

第4章

非常識なやさしさをまとう

病院との協働でQOLを向上させる

これまでSOLITの商品開発は、医療・福祉従事者や服に違和感を抱いてきた、いわゆる「当事者」の仲間と一緒に行ってきた。そうした中で、プロボノ（専門的な知識やスキルを無償提供すること）としてともに活動していた岸和田リハビリテーション病院の理学療法士だった大門恭平さん（現・SDX研究所所長）が「うちの病院がSOLITの商品に関心を持っている」と教えてくれた。

岸和田リハビリテーション病院は「あきらめない医療」をモットーに、157床の回復期リハビリ病床を有するなど、高度な専門性を持っている医療施設だった。そこで、まずはわたしたちが注力していた商品開発や調査内容などを石川秀雄院長に紹介したうえで、コラボレーションを模索する機会を設けて頂いた。

この話し合いの中では、病院側は患者さんの退院後の「QOLの向上」までをサポートすべきことは分かっているものの、日々の業務に追われ、手が回りにくい現状があることが分かった。この時、そうした課題に対して協働できるパートナーを探していることも知った。わたしたちは、患者さんの怪我を治すことなどはできないが、生活の選択肢を広げるサポートならできるのではないかと思い、話し合いを重ねる中で連携が始まった。

この連携では、まず病院に入院している患者さんや訪問リハビリテーションの利用者さんの心身のデータを蓄積しながら、更衣に関する課題を探し出すことにした。そのうえで、それらの課題をどのように解決すればよいのかについてセラピストとわたしたちのR&D（リサーチ&デベロップメント）チームが毎週ミーティングを重ねていった。

さらに、患者さん本人の回復スピードやリハビリの成果を踏まえ、衣服の形状やアイテムによって感情やストレス、行動などがどのように変容していくのかについても調査を行った。こうしたデータの蓄積に

岸和田リハビリテーション病院との協働風景

よって、SOLITの商品は常に改善されることになった。病院側もサービスの質や内容を見直す機会になり、双方にとってメリットのある協働になった。

病衣の概念を変える

岸和田リハビリテーション病院と連携する中で、課題となったのが「病衣」だった。病衣は機能性は高いものの、着用することがきっかけとなって患者さん本人も自分は病人だというアイデンティティを生み出すことにつながってしまう。実際に「着たいとは思えないものを着ている」という声を聞く中で、過去の研究を調べてみると、「デザインや着心地のよさ、おしゃれをしたいという欲求は年齢を問わず年々上昇している」というデータを見つけ、病衣を改良する必要性を感じるようになった。

本来リハビリテーションという言葉には、「日常生活や社会の中での営みを取り戻し、その人らしい人生をつむぎ直していく」という意味がある。だから、わたしたちはリハビリや回復期に身に着ける病衣こそ、その先に続く日常となめらかにつながっているものであるべきではないかと考え、プロダクトの試行錯誤を進めた。

その結果、1年の歳月を経て、トップスとボトムスからなるリハビリウェア「odekake」をリリースすることになった。このウェアのトップスは着脱や腕の動きを妨げないラグランスリーブを採用し、可動域に制限のある方でも着脱がしやすいようにできるだけ肩と脇周りを広くした。また、認知症や色覚障がい、着脱に時間がかかる方などを想定して、行為動作のスタート地点となるポケットの入口、シャツの裾、腕の袖口は見つけやすい配色にした。さらに、手指に麻痺がある方や視覚障がいの方でも着脱しやすいように、ボタンはすべてマグネットを採用。院内でスマートフォンと財布を持って歩く方が多いという声を反映して、可動域に制限のある方や、片麻痺の人でもポケットの入口にアプローチしやすいように、従来とは異なる形状のポケットをつけることにした。

また、ボトムスは動きやすさがありながらも体のラインが見えにくく、肌触りのよい高密度の綿を使用している。着脱がしやすく、長時間の着座でも苦しくなりにくいウエストゴムを採用しながらも、スマートに着こなせるように前から見るとゴムだと分からないデザインにした。さらに、トイレの際にボトムスが床につかないものと、足の装具が取り外しやすいものの2種類をつくることにした。

このリハビリウェアの開発を通して、患者さんは機能性よりもむしろ外出しても恥ずかしくないデザインを重視していることを知った。病院のセラピストの方々やご家族からもこのリハビリウェアを着用したことによって患者さんの笑顔が増え、気持ちが明るくなっているようだという嬉しい声もたくさん頂いた。

リハビリウェアodekake

店舗を持たずに全国に届ける

わたしたちはファッションブランドでありながら、売上が安定しているわけでもないし、実店舗を持つほどの資金的な余裕もなければ終日対応できる人員もいない。そうした課題をＷｅｂサイトやソーシャルメディアを駆使して補っていたが、「服は一度は着てみなきゃ分からない」といった声をよく耳にした。

ブランドの立ち上げ前から、わたしたちの取り組みこそＤ２Ｃ（消費者直接取引）のように共感やファンマーケティングの手法を用いて販売を促進できるのではないかとは思っていた。しかし、本来商品を届けるべき顧客対象は身体の可動域に制限があったり、プラスサイズであったりと、従来の服では解決できない課題を持つ方々であった。

そのため、一般販売されている衣服以上に試着を重視している方が多いことが分かった。すると、海外には、オフィス兼試着室を設けているファッションブランドがあることや、大きなトラックで旅をしながら試着の機会をつくっているブランドもあることも知った。

わたしたちらしさを模索する中で、全国のSOLIT!を必要としている人のもとに出向くポップアップイベントを開催することを決めた。レンタカーに商品を詰め込んで1回の出張当たり3、4都道府県を回った。時には地元の方々に手伝ってもらいながら全国を回る中で、SOLIT! のイベントに行きたくても行けなかった方々などと出会う機会があった。

来場者の方々からは、地域ごとに存在する課題が理解されにくいことや、新しいことに挑戦することへの葛藤があるという話を聞いた。さらに、さまざまな問題に直面しながら、どのように自分の希望を実現したらよいかが分からないといった声もあった。

そこで、全国各地のポップアップイベントでは、ただ商品を展示販売するだけでな

ポップアップイベントの様子

く、わたしたちと近しい考え方を持っている方々とのトークセッションを行い、それぞれの知恵を共有し合う時間も設けた。

すると、SOLIT!のプロダクトの魅力だけでなく、わたしたちの哲学に共感してくれる人々が徐々に増え始め、カフェや福祉施設・病院といった場所に「SOLIT STAND」（SOLIT!アイテムを実店舗代わりに試着できる場所）を設けてボランティアで商品説明をしてくれるようになった。SOLIT!はいまだ実店舗を持つことはできていないが、全国の協力者のおかげでプロダクトに触れる機会を増やすことができている。

有償の試着という提案

全国ツアー中に実際に病院に入院していたり、外で試着することに対し、大きなハードルを感じていたりする方がたくさんいることを知った。しかし、日々の業務に追われていたわたしたちは、なかなか同じ場所に長期にわたって滞在することができなかった。そこで、「おうちでSOLIT」という自宅で試着できる仕組みをスタートすることにした。

おうちでSOLITは、３０００円（送料込）で、着てみたいSOLIT!のプロダクトを2点、2サイズまで選んで、自宅や病院などで受け取り、ゆっくり試着できるサービスだ。商品を届けてから10日間であれば何度も試着可能で、SOLITのメンバーとLINEやInstagramのDM、メールなどでオンライン相談しながら、コーディネートを考えることができる。

確かに、Amazonや楽天に代表される大手通販サイトでも一度購入したものを無料で返品できる仕組みはある。そのようにしたほうがユーザーにとっても利便性が高いのも分かるが、大量生産・大量消費の仕組みのうえで成り立つ手法に違和感を覚え、踏襲することはできなかった。

そこで、わたしたちは各種類、各サイズ1点ずつのみを在庫として保管し、ユーザーにそれらのクリーニング費用だけ負担してもらうことにした。試着が有料なことに違和感を抱く人ももちろんいたが、わたしたちのポリシーやその料金の使途を公開することによって、わたしたちの服を着たいと思ってくれる方にダイレクトに届けるようにした。

この仕組みを始めたところ、体に麻痺がある方や車椅子ユーザーの方から「一般的なアパレル店舗では、着脱に不安を感じていたが、その際のストレスが解消された」と大変好評だった。また、何らかの動画配信サービスで着用したい方や、ファッションショーで着たい方などからも連絡があった。こうしてわたしたちの活動は不定期開催のポップアップイベントとおうちでSOLITの2本柱で運用していくことになった。

SOLITの活動を通して「属性や状況に関係なく自由にファッションを楽しめるようにしたい」と思っていたが、その選択ができる状態にある人もまた限定されているということを知った（ただ知っていただけで、実際に出会っていなかったし、理解もしていなかった）。

障がい者を使ってビジネスするな

世界には自律的に経済活動に参加できない人が数多く存在する。例えば、日本においては言語の壁によって就職できない方や家庭や生活環境によって自らの手で必要なものを買うことができない方もいる。これらに加えて、日本では障害者雇用率が低く、基準を満たしていない企業も多い。

このような現状が続く中で、商品を誰にとっても着やすく違和感のないものにしたところで本当の意味でわたしたちが実現したいことはできないと言える。そうした懸念を象徴するかのように、SOLITに関するテレビ報道後にtwitterでは、「多様な人のためと言いながらこの価格じゃ買えない」「障がい者を使ってビジネスするな」といったコメントが多く寄せられることもあった。Ｗｅｂ上では、わたしたちの意図とまったく異なる受け取られ方をしていることが分かったと同時に、少しでもそう感じさせてしまっていることに対し、創業者として申し訳なさと悲しさが込み上げてきた。

確かに、わたしたちが明確な理由で設定した価格であっても、それはあくまで会社の意向や自己満足でしかないと言える。そんな事情など購入しようとする人にとってはまったく関係ない話だ。結局は言動が不一致になっているように受け取られてしまったのではなかろうか。

そう思った途端、わたしの中でこれまでたくさんの投資家や先輩起業家から言われ続けてきた「顧客の声を聞き過ぎて本来あるべき姿を見失うな」といった言葉や、報道を見た人からの「言っていることとやっていることが違う」といった言葉の波が押し寄せてきた。こうした言葉に加えて、自分たちの事業の持続可能性と理想とする姿についてのジレンマから今後の活動の方向性に悩む日々が続いた。

服が場をフラットにする

SOLITの展望に悩み続けていたが、それでも立ち止まっていられなかった。2022年8月には、自分らしくファッションを楽しむ喜びを知ってほしいという想いから、「IT'S ALL FOR

YOU試着撮影会」を実施した。このプロジェクトは、これまで自分で服を選んだことがない方や、着たい服を着られなかった経験がある方がいる場所にSOLITのメンバーが出向き、一人ひとりヒアリングをしながら、スタイリング・ヘアメイクをした姿を撮影し、その写真をプレゼントするというプロジェクトだ。

ビジネス的な観点から言えば、このプロジェクトは経済的な利益を生まないため、不必要だとされるかもしれない。しかし、わたしたちが提供できることは「服の購入」にとどまらないと考えていた。そこで、「自分らしく楽しみ、ファッションに触れる機会をつくる」ことに重点を置いた試みを実施することにした。商品を購入してもらわずとも、わたしたちの想いを伝えたい。多様な人が自分らしく暮らす未来のために、SOLITができることはあるのではないかと考えた。

このプロジェクトでは、SOLITの作業療法士のプロボノメンバーが関東近郊の福祉事業所を何施設か紹介してくれた。その中で社会福祉法人槇の実会が第1回のパートナー施設となった。そこから、このプロジェクトに共感を示してくれたプロのカメラマン・ヘアメイク・スタイリストの方を紹介してもらい、準備を進めた。さらに、SOLIT!のアイテムだけでは足りない衣装を活動に賛同してくれた古着屋に提供してもらい、施設内に簡易スタジオも設けた。

実際に利用者さんの話を聞くと「普段はスウェットやジャージを着ている」「職員や家族が届けてくれたものを着ている」という声があった。利用者さんの多くが好きな服や色を聞かれることがなかったことも分かった。

しかし、実際に話をする中で「本当はかっこいいジャケットが着たかった」「ピンクの服が好き」などといった自分の好みや表現したいスタイルがあることを教えてくれた。そうした利用者さんの好みをもとにメンバーが一緒にアイテムを選び、スタイリングしていく。

すると、利用者さんたちの表情が次第に和らいでいった。撮影が開始されると、最初は緊張していた利用者さんも会場にいる方々の「素敵！」「いいね！」という掛け声によって、徐々に表情が緩んでいき、一人ひとり個性豊かなポーズが生まれた。このプロジェクトは企画した時点から「よい試みになりそうだ」と全員が確信していたが、予想以上のリアクションがあった。

1日の撮影が終わり、片付けや着替えをしている最中に各々がおもむろに話し始めた。「普段自分から衣服を着ようとしない方なんですよ。でも今日は自分からノリノリで着替えてくれた。これは本当にすごいことですよ！」と施設の職員さんが満面の笑みで話し

IT'S ALL FOR YOU試着撮影会で撮った写真

た。

　そうかと思えば、「目が見えなくなって、ずっと真っ暗な部屋にいるような感覚だったけれど、槇の実会の皆さんに出会えて、そして今日好きな服を着てみんなと撮影できて、こんな幸せなことがあっていいのか……」と涙を流された利用者さんからの言葉もあった。

　今回協力して頂いたスタイリストの方からは「長くやってきて、なんだかんだで忘れているすごく大切なことを改めて思い出した日でした。自分がこの仕事をやっている意味を、思い返すことができたような気がしています」という感想もあった。

　わたしは「助ける／助けられる」といった関係性や、「障がい者／健常者」といった区分けなどについてずっと違和感を持っていた。すべてはグラデーションであり、変動するものなのに、世界はそこかしこにあえて垣根をつくってしまう。今日はそれぞれが着たい服を着て写真を撮っただけでその場がフラットな空間になったのだ。この時、わたしは「これだ」と確信した。スタジオは笑顔と温かい声が溢れていて、「こんな場所をもっとつくりたい」と心底思った。

世界を席巻するデザイン

創業から2年ほど経った頃には、わたしたちの活動に対し、共感をしてくれる方々が少しずつ増え始めてきた。何もなかったところから少しずつ輪が広まっていったことに対し、嬉しさを感じていたが、自分はこの分野のプロフェッショナルではないという意識がずっと拭えなかった。常に試行錯誤しながらも、答えも何も見えない暗闇をずっと歩いているような感覚があったし、周囲の評価とは比例しない認知度や売上にも頭を悩ませていた。

そうした中で、防災ガールにさまざまな企業との協働や政府や海外からの相談が来るようになったのは何らかの「外部評価」を受けた後だったことに気づいた。そこで、まずはわたしたち自身が感じるSOLITの価値を他者目線でも価値のあるものに変えていくことに決めた。わたしたちの話し合いの中でSOLITが重視すべきキーワードは「環境」「人権」「デザイン」「ファッション」の四つだということになった。これらの要素についてはグローバルレベルの水準へとブラッシュアップしていこうと決めた。

この試みの一環でデザインについては、あえて国内のデザインアワードにはエントリーせず、世界三大デザイン賞であるドイツの「iF DESIGN AWARD」とイタリアの「A'Design Award & Competition」にエントリーすることにした。わたしたちは、海外の大きなデザインアワードにエントリーしたことなどなかったので、どうすればよいのかまったく分からなかった。だが、デザイナーの佐藤かつあきさん（P130）が「考えている時間があったらとにかくバッターボックスに立ったほうがよい」と教えてくれたのでまずはとにかくエントリーすることにした。

すると、思いがけず iF DESIGN AWARD の事務局から書類選考に突破したとの連絡が届いた。続けざまに二次選考に進んでいること、最終選考に進んでいることなどの連絡が入った。そして、最終的には、最優秀のゴールドを受賞することが決まった。

審査員からは、「SOLIT のインクルーシブファッションのコンセプトは、障がい者を、障がい者でない人のためにデザインされた衣服にまつわる制限から解放する。そして、彼らのニーズや経験に合ったデザインを自ら選ぶことを可能にする。このように、SOLIT は人のためだけでなく、人とともにデザインするというマントラを体現している」とフィードバックがあった。

さらに、A'Design Award & Competition においてもソーシャルデザイン部門で Bronze を受賞した。この事務局は、この年の DESIGN HERO の一人としてわたしを選んだことや、グローバルのソーシャルブランドデザインランキングで2022年3位、そして世界のベストデザイナー49位になったことも連絡してくれた。

わたしはデザイナーではなかったので、このことがどれだけすごいことなのかその当時は正直あまり理解していなかったが、エントリーを後押ししてくれた佐藤かつあきさんが、取りたくても取れる賞ではないことや本当に世界トップレベルのデザインアワードなのだということを改めて教えてくださった。こうして奇跡のようなことが起こっているのを外部の声を通じて実感していくことになった。

その後、わたしたちはドイツのベルリンで開催される授賞式に参加することになった。それに当たって、受賞した経緯や授賞式の映像をショートドキュメンタリーとして製作することになった。このドキュメンタリーの監督は、熊本地震以降つながりが

iF DESIGN AWARDの授賞式

ある熊本在住のクリエイター集団の方々の後押しで映像作家・松田拓真さんが担当してくれることになった。

松田さんは何とドイツ・ベルリンで行われた授賞式にも来てくれて、密着撮影をしてくれた。この映画はショートドキュメンタリー「SOLIT! 明日に差す光」として公開され、第17回札幌国際短編映画祭のMicro Docs部門のナショナル・コンペティションである、「Micro Docs for SDGs」の入選作品にも選ばれている。

授賞式がコロナ禍だったことに加え、航空券が想像以上に高くなっていた時期だったこともあり、現地にわたししか行くことができなかったことがとても心苦しかった。このような映画ができたことによって、これからSOLITを知る方々にもわたしたちのプロダクトがどんな想いでつくられているのかを改めて知ってもらえたのはとてもよかったと思う。

安心・平和を身にまとう

SOLITには「Dawn Jacket」と「SOLIT Broad／Jersey Shirts」という二つの主力商品があるが、次にどのようなプロダクトをつくっていけばよいかについて検討を重ねていた。そうした中でわたしたちは、大量生産・大量消費に加えて、必要以上に購買行動を促すような行為はできるだけ避けたいという想いを再認識していたが、安定してプロダクトを生み出すには自由と平和が必要だということにも気づいた。

だが、世界は新型コロナウイルス感染症をはじめ、ウクライナとロシアの戦争、ミャンマーの軍事政権の誕生、熊本での度重なる災害などによって、改めて自由と平和の意味を問い直さなければならなくなったように思う。

わたしたちが今できることは何だろうとチームのメンバーと幾度となく語り合う時期が続いた。世界全体で起きている出来事に対し、たとえ小さくてもできることはな

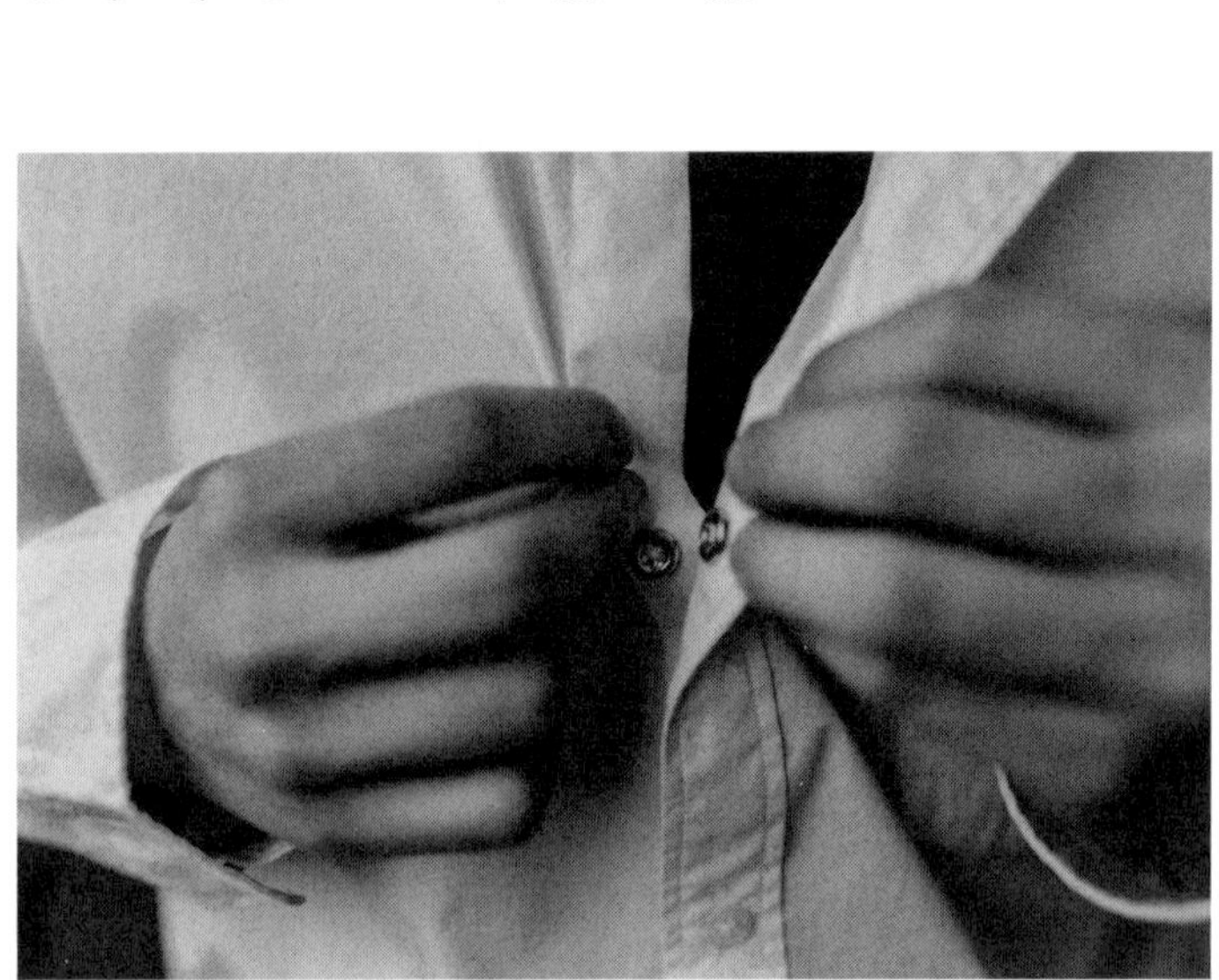

SOLIT のマグネットボタン

いだろうかと考えた結果、やはりわたしたちの想いをプロダクトとして表現すべきではないかという結論に至った。

現在の世界情勢は、戦争やパンデミックがきっかけとなって目に見える形でさまざまな課題が浮かび上がってきたように思うが、それらはもともと存在していたものが改めて可視化されたに過ぎない。わたしたちは自分たちの意思とは異なるものによって選択肢を狭められてきたし、どんなに意思を持とうと思っても、必ずしもそうはできない環境で生きてきたように思う。だから、今こそ生きているだけでもとても素晴らしいことなのだと再認識すべきではないだろうか。

わたしたちはリラックスして、自由や開

Thought Shirts

放を手にできるように、そして、安心・平和を身にまとうようなものにしたいという想いを込めて、第1弾商品の1年後に「Thought Shirts」をリリースすることにした。SOLIT!を立ち上げて2年が経っていた。

「Thought」は英語で「願い・思うこと」を意味する。このシリーズは着ている人にとっての平和と自由を願う象徴になればよいという想いを込めてつくった。もちろん、これまでの商品と同様に、特に課題を感じている当事者とともにプロダクトを開発して、第1弾商品の課題を解決できるようにデザインを改良していった。

機能性と日常使いの融合

Thought のリリースから半年後、新シリーズ「Aurora」をリリースすることになった。このシリーズでは、光や車のライトを浴びるとオーロラのように反射するリフレクターを、胸元と背中の上部に装着したTシャツを展開することにした。わたしたちは一人ひとりがまったく異なる存在であり、比べることなどできない。でも、どこか他人と比べたり、以前の自分と比べたりして苦しくなったり、自分を否定してしまったりする。それでもなお、わたしたちは一人ひとりがまったく異なる輝きを秘めているのだということを伝えたい。そんな想いを込めてシリーズ名はAuroraと名付けた。

わたしたちの商品には、1万円を超えないものがなかった。そこで、手に取りやすい価格帯で日常的に使えるものとしてTシャツを開発することを決めた。だが、たとえTシャツであったとしても、皮膚疾患のある方や着脱に困難を感じる方にとって安心して着られる素材やデザインを追求することにした。そこで、連携先の病院のセラピストや患者さんが実際に体験した夜道での事故の事例をもとに、どのようなデザインにすれば課題を解決できるのかを考えることにした。

素材はより安心して着用できるように、

一人ひとりがまったく異なる輝きを秘めているという想いを込めてシリーズ名はAuroraと名付けた

バングラデシュで生産されたオーガニックコットン100%にして、リフレクター部分は福井県でつくることにした。福井は、絹織物の名産地の歴史を背景に、現在では合成繊維の生産で国内トップレベルのシェアを誇る。わたしたちは福井県福井市を拠点とする反射材メーカーをInstagramで発見し、直接連絡を取ることにした。

最終的には、既存の商品カラーに近い色合いのTシャツを4種類つくることにした。この反射材メーカーには、光のない場所ではTシャツとの差がほとんど分からないリフレクターを新しくつくってもらった。これにより、リフレクターの機能性を損なわず、日常使いもできるようにした。

この商品をリリースすると、コロナ禍を経てジャケットやパンツを身につけなくなった方々から「着心地がよいTシャツが発売されたことがとても嬉しかった」という声を頂いた。その他にも、自分の子供や両親の安全性のために購入される方もいた。単に見た目や着心地がよいだけでなく、機能性という側面でも商品を必要だと感じる人がいる。それを日常的に着用できるものとして販売することがわたしたちの目的だったが、そうした意図をユーザーの方が理解してくれたことがとても嬉しかった。

つくる人と使う人が対等なプロダクト

わたしたちのものづくりは主に受注生産で一点ごとのカスタマイズになっている。日本ではSOLITの要望に応えてくれる工場には出会うことができなかったが、わたしたちのプロダクトに理解を示してくれたのが中国江蘇省の南部に位置する無錫(むしゃく)の工場(わたしたちはいつも〝WIN〟と呼んでいる)だった。しかし、地球環境のことを考えるならば、できる限り近距離で生産することが重要だ。さらに、リサイクルのしやすさや素材の統一性などについても検討の余地があった。

そうした課題に直面していた時、全国ツアーの合同ポップアップイベントを一緒に行ったサーキュラージーンズをつくる「land down under」が国内の一大繊維産地である広島から岡山に跨る瀬戸内地域で小ロット生産、自然由来の素材にこだわった縫製をしていることを知った。プロダクトの製作について相談してみると、彼らの中に多様な人を包括するといった側面が足りないという認識があることが分かった。そうしたお互いの思惑が一致し、それぞれの強みを活かすコラボレーションが始まった。

そうして製作したのが多様な人が使いやすいように配慮した「All inclusive-bag」だった。このプロダクトの製作プロセスでは、バッグに対して特に課題を感じている車椅子ユーザーや、視覚に障がいのある方、カメラやラップトップなどのたくさんの荷物を持ち歩く方々にヒアリングをした。既存商品の改善してほしいポイントを洗い出しながら、生産者側がつくりやすい形についてもヒアリングを重ね、つくる人と使う人にとって対等なデザインとは何かを考えていった。

さらに、実際に完成したプロダクトは意見を出し合った当事者やチームメンバーでモニタリングしながら、さらなるブラッシュアップをしていった。最終的には倉敷の素材メーカーや就労施設の方々などの協力を得て形にすることができた。実際に商

多様な人が使いやすいように配慮したAll inclusive-bag

品を手に取った方々からは、「デザインと多様性に配慮したバッグを探していたのでようやく出会えた」といったフィードバックをもらえた。

異業種にリソースを共有する

2022年には、ダイバーシティ&インクルージョンの推進を決めたコクヨ株式会社（以下、KOKUYO）との協働が始まった。KOKUYOは2024年までにインクルーシブデザインが考慮された新商品の構成比率を20%以上にする目標を掲げている。そこで、SOLITがこれまで蓄積してきた経験や知見をもとに組織体制・意思決定プロセス・企画開発フローなどの組織改善を促す依頼を受けた。

まず、ダイバーシティ&インクルージョンの基礎知識の研修を行い、SOLITが独自で制作した「自社の考えるダイバーシティの定義づけと優先順位づけ」などのワークシートを活用してその定義を定め、最終的にはKOKUYOならではの基本方針をつくっていった。

そのうえで、机上の空論にならないよう、多様な当事者との接点をつくり、国内の前例となる施設の視察や、SOLITが連携していたYAHOO! JAPANのダイバーシティ&インクルージョン担当者とのセッションを行った。さらに、実際にインクルーシブデザインを活用したものづくりのスキームを紹介したり、特例子会社と連携した場をつくったりするなど、多岐にわたってKOKUYO全社のダイバーシティ&インクルージョン推進の伴走をした。

そんな中、2022年1月より大阪にあるKOKUYO本社にて新オフィスのプロジェクトが立ち上がり、KOKUYOの特例子会社であるコクヨKハートとともに、「オフィスをよりよくするためのアンケート」を行ったり、ワークショップなどを実施したりすることになった。さらに、オフィス環境や設備だけでなく、関係性づくりや、多様な人が働きやすい場所などについても議論を交わしていった。この話し合いでは、KOKUYOがダイバーシティオフィスをつくるにあたりどのような倫理や哲学を持てば会社や社会を変容させていくことができるのかまで踏み込んで議論を重ねた。

すると次第に、人にやさしい組織づくりをしているはずのKOKUYOの社員やデザイナーから不安や違和感が吐露されるようになり、「特別な機会を設けて意見を伝えるのではなく、日常の中でお互いに意見を交わしたい」という現場の生の声があることが分かった。

その結果、「HOW ARE YOU?」「HOW DO YOU DO?」など、何気なく声を掛け合う関係性の中から、ニーズありきではなくシーズ(種)を見つけ出していく関係性をつくれたらという新オフィスのコンセプトが生まれ、「HOWS PARK」という名前に決まった。

実際にKOKUYO本社の1階は、多様な人が働きやすくなるよう居心地のよいカフェのような雰囲気の場所になっている。この場所はKOKUYOメンバーなら誰でも利用ができ、コクヨKハートの障がい者雇用されている方とKOKUYO本社で働いている人の垣根を越えたコミュニケーションの場にもなっている（HOWS PARKは社内スペースではあるが現在は外部の方の見学も受け付けている）。

この場所をつくったことで社員同士が情報発信やウェブサイト構築の議論を気軽にしたり、アウトプットのチェックをしたりする機会も増えたと言う。KOKUYOの事例は意思決定や実際の制度設計・運営に多様な当事者が関わり合っている好事例だと思う。

やるかやらないかではなく、やらなければならない

2023年には、Panasonicの先行開発に特化するデザインスタジオ「FUTURE LIFE FACTORY」とともに「トレーサビリティ」（透明性）をとらえ直すプロジェクトを立ち上げることになった。

昨今では、生産地や生産方法、環境負荷などの定量的データを企業が情報公開していくトレー

サビリティの重要性が叫ばれている。しかし、企業がそれらの情報を公開していても、消費者側はそれが正しい情報かどうかを突き止めることはできない。たとえ、生産地やエネルギー量を公開していたとしても、その背景で生産者が幸せなのか、地球環境にとって負荷はないのかなどを「見える化」するのも難しいことがこれまでの課題だった。わたしたち自身も生産に携わる関係者と日々やりとりをしていたため、情報公開の重要性は感じていたが、一連の準備に莫大な時間と資金が必要だったことから、残念ながら取り組むことができずにいた。

一方、FUTURE LIFE FACTORYは、生産背景を辿ることができるプロダクトを開発している協働先を探していた。それぞれの強みと目指す先がパズルのピースのようにつながり、このコラボレーションは始まった。この取り組みではプロダクトの企画・生産からリサイクルに至るまで、すべてのサプライチェーンに携わる方々と対話をすることにした。そして、集めた情報はブロックチェーンで公開することによってプロダクトの背景にある多様な人間性に触れられるようにした。これによって生産国などのプロダクトへのバイアスを取り除くことが狙いだ。

このようにわたしたちが目指す社会を実現するためには、ただプロダクトをつくるだけでは不十分だと考えている。わたしたちが前例として早急に轍をつくり、グローバル規模で求められている活動であると表明することで、病院や研究所などとともにエビデンスを確立することも同時並行で行う必要がある。これによって、多分野で活動するプレイヤーが増えていくことが狙いだ。

いわゆる「コレクティブインパクト」を生み出していくことで、わたしたちのような小さな組織でも社会を変えていく一助を担えるのだと思う。

ただ、わたしたちが協働するKOKUYOやPanasonicのような企業は稀だ。多くの企業がいまだ株主第一主義かつ資本主義の土台のうえで成り立っており、そうした基準のうえではサスティナビリティやダイバーシティ&インクルージョンの優先順位は必然的に下がってしまう。それらを超えてまで意思決定する企業の多くは、会社は社会の一員であり、会社の存続は社会や地球の存続のうえに成り立つことを理解している。企業の社会的責任といった視点を超えて、価値を創造していくべきだという想いで意思決定をしているのだ。

もちろんそれは容易なことではない。いまだ前例の少ない中での意思決定は恐怖さえ伴う。それでもわたしたちは声高らかに言いたい。これは「やるかやらないか」の議論ではなく、「やらなければならない」ものなのだ。

企業や大きなリソースを持つ存在はいかに構造的な課題を生み続けているのかを知り、すぐさま行動を起こさなければならないことを理解すべきだ。挑戦には失敗がつきものだが、その失敗なくして前には進めない。だからこそ、わたしたちは意志ある企業や人とともに全力で挑戦し続けたい。

03
寄稿

僕の道標

佐藤かつあき

Contribution

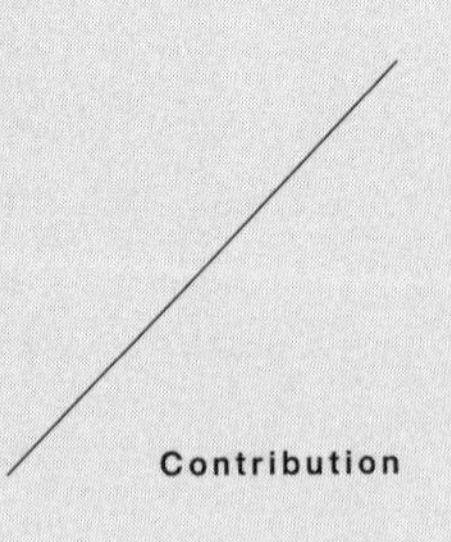

さとう・かつあき―クリエイティブディレクター。一般社団法人BRIDGE KUMAMOTO代表理事。１９７８年長崎生まれ。２０１０年に熊本県に移住。２０１６年熊本地震をきっかけに一般社団法人BRIDGE KUMAMOTOを設立。「社会課題にデザインで挑む」をミッションに活動。２０１７年グッドデザイン賞特別賞・ベスト１００受賞。ニューヨークＡＤＣメリット受賞。２０２３年３Ｒ循環型社会形成推進功労者環境大臣表彰など受賞多数。

彼女の活動の一つひとつがデザイナーとしての学びに満ちている

僕が田中美咲と初めて会ったのは、2016年だった。熊本に最大震度6強の熊本地震が起きて、自分にもできることがないかとBRIDGE KUMAMOTOという復興支援団体を立ち上げた年だ。

僕はこれまで大きな地震を経験したことも、支援団体のようなものを立ち上げたこともなく、すべてが手探りの状態だった。そんな時に、現地のリサーチやボランティアのために防災ガールのメンバーが熊本の被災地にやってきた。共通の知人を介して、熊本で食事をしながら意見交換を行ったことを覚えている。

僕らの話をじっと聞き、時には無邪気に笑顔を見せる彼女はまだ20代だった。被災地に飛び込み、地域の方々と汗をかきながら、自分たちの持ち味を活かして復興支援に尽力していることが分かった。恥ずかしながら、僕は「世の中にはこんな若者がいるんだ」と感心し、衝撃を覚えた。

その後は、彼女の活躍をSNSを通して見続けている。彼女はいわゆる「デザイナー」ではないのかもしれないし、彼女のアイデンティティにも「デザイナー」という言葉はないかもしれない。でも、僕からすれば彼女の活動の一つひとつが「デザイナー」としての学びに満ちていた。

ソーシャルキャンペーンやサスティナブルな商品開発、ビジュアルの表現から言葉の表現まで影響を受け続けている。僕がBRIDGE KUMAMOTOの活動の軸をソーシャルデザインに置いたのは、完全に田中美咲の影響だった。

彼女の言葉には物事の本質的な部分を素早く突くところがあり、2020年の熊本豪雨という60名超の死者を出した災害時にも誰よりも早く「BRIDGE KUMAMOTOとしてできること」を考えて声を掛けてくれた。

結果、発災翌日には寄付受付サイトをつくり、

2000万円以上の寄付を集めることができた。そして、この寄付金は全額、被災地域で活動する災害支援団体の助成に使われた。彼女の一言がなかったら、この機は逸していただろう。

僕にとって師のような存在

ある日、彼女から分厚い企画書が届いた。全部自分でつくったというその資料には「SOLIT!」と書かれていた。たくさんの人たちに企画書を見せて、フィードバックを受けブラッシュアップしているのだという。

企画書の内容にも驚かされたが、企画を実現させるための熱量のようなものを感じた。嬉しいことにロゴのデザインを手伝わせてもらえることになり、はたから見ているとトントン拍子にSOLIT!は形になっていった。そして、彼女は全国を試着会などのイベントで飛び回っていった。もちろん熊本にも来てくれた。

そんな矢先にSOLITは、世界3大デザイン賞であるiF DESIGN AWARDを受賞した。しかも最高賞であるゴールドだ。これには心底驚いた。デザイナーとして一生をかけても取ることの叶わない賞だ。彼女の快挙に大喜びした一方で、「やはり海外か」と同時に思った。SOLITのプロジェクトの先進性や唯一性を真っ先に最大限評価してくれたのが、日本ではなくドイツの賞だったということに情けない気持ちになった。

いずれにしろ、同時代のデザイナーとしては、ずいぶん差をつけられているなと思っている。僕にとっては冗談ではなく師のような存在なので、そこに悔しさはない。これからも、彼女のひらめきや考えていることを注視しようと思う。田中美咲は、僕にとっては間違いのない道標なのだ。

第5章

自分たちの哲学で会社を再定義する

自分たちが信じる未来をつくりたい

行き過ぎた資本主義と本来大切にしたいものがあることに気づくのが遅過ぎたわたしたち。わたしたち人間は自由と幸福を求めていく中で、産業の効率化と発展を促進し、二分論や中心主義をもとに政治・経済システムをつくり上げてきた。

しかし、このシステムをつくったことによって、かえって格差や不平等が広がってしまっている。同時多発的に社会課題が生まれているにもかかわらず、想像を超えるほどの激しい時代の変化に押され、知らないうちにそうした状況に加担してしまっていることも数多くあるだろう。

そうした状況に違和感を覚え、今まさに多くの人や企業が立ち上がり始めている。それはわたしたちの希望であり、その微かな光が消えないように、どうにかして力を合わせて突き進んでいかなくてはならない。それでも、歴史がつむいできた大きな仕組みを変えるのは並大抵のことではない。わたしたちたちが生きるこの時代がポジティブなシナリオを描いていくのか、はたまたネガティブなシナリオを描いていくのか、まだ誰一人として知ることがない。

そんな時代にわたしたちは今何ができるだろう？　時にわたしたちの世代は「平和でありとあ

らゆるものがすでにある」と揶揄されることがある。確かに選択肢は増えてきている。世界とつながったことで自分たちが本来持っているはずの権利を可視化し、声を上げるチャンスも得た。

その一方で、世界中で起きている事件・事故を自分ごとのように認識し過ぎてしまうというデメリットもある。わたし自身、学生の頃から気候変動やゴミ問題や人権について教育され、「世界はこんなにも問題が多いのだ」と教え込まれてきたし、その巨大過ぎる世界の課題に対して、どことなく無力感を感じてきた。それでもわたしたちは「まだできることがあるかもしれない」と立ち上がりたい。

でも、もしかしたら、今から何かを始めてももう手遅れなのかもしれない。たとえそうだとしてもわたしたちは、自分への失望と社会に対する怒りを感じながら自分たちが信じる未来をつくっていきたい。そんなわたしたちSOLITの野望、それは多様な人も動植物も地球環境もどれも誰も取り残さない「オール・インクルーシブ」な社会の実現だ。「違い」もありのままに受け入れ、健全に共存できる社会を目指している。

SOLITでは、プロダクトやサービスの企画段階から多様な人とともに企画するインクルーシブデザインの手法を選択しているが、そこからさらに一歩踏み込み、一人ひとりの人間は複雑性の中に存在し、インターセクショナルであるという大前提に立っている。

そして、これまでの行き過ぎた資本主義からの脱却と、存在の複雑性や多元性を受容できる世界を構築する新たなアプローチを生み出すことを目的としている。インクルージョンとサスティナビリティ、さらには経済性と社会性をともに実現すべくSOLITは立ち上がった。

本章では、わたしたちが考えるインクルージョンとサスティナビリティをはじめとするSOLITの哲学について紹介したい。

多様な仲間が集まる共同体

わたしたちが掲げたビジョンに共感した同志による共同体がSOLITだ。メンバーには、国籍、言語、セクシュアリティ、生活環境、住居、年齢、職業・職種などが異なる多様な意思決定者が共存している。こう言うと、「いろんな人がごちゃまぜになった組織でどうやって意思決定をしていくのだろう」と思われるかもしれない。

例えば、日本人だけの会社を想像してみてほしい。その中で働いているとあたかも同質化された環境が日常のようになってしまい、自分の置かれた状況や加害性には気づきにくくなってしまうのではないだろうか。SOLITではそうした状況を可視化し、組織を常にアップデイトできるようにするために多様な仲間が集まっており、このことを大前提として、議論を重ね、組織としてのミドルポイントを見つけるようにしている。

また、SOLITは従来の縦型・トップダウン的組織ではなく、いわゆるティール組織やＤＡＯ（分散型自律組織）の形式をとっている。そのため、細かな役割分担や「Ｔｏ Ｄｏ」を相互に管理していない。さらに言えば、各メンバーに対し、何らかの固定されたレベルや評価も設けておらず、役職も定義されていない。

SOLITでは代表取締役であれ、学生インターンであれ、株主であれ、それぞれが対等である。各々が「組織の一員として社会的使命を果たすために自分ができること」と「自分の目的」が一致しているので、あくまで自主的に成長しながら活動しているのだ。

だが、このように自由度が高く、裁量が大きい組織には合わない人がいることは確かだ。なぜなら、決められたルールの中で物事を遂行していくほうが楽であり、また個人の裁量が大きいということは他責にはできないということの裏返しでもあるからだ。実はSOLITでも裁量権を与えられるとメンバーが立ち止まることが多い。

一方で、大きな組織の中で働いていると、自分が歯車のように感じてしまう人も少なくない。漠然と「このままでいいのだろうか」と考えるようになったり、時に現状への愚痴ばかりを口走ってしまったりすることもあるだろう。SOLITにはそうした自らが社会の中で抱える矛盾を理解し、問題解決しようとしている人が多く集まる。中でもＺ世代からの支持が厚く、SOLITでも中核となって活動している。

このように多様な仲間が集まるSOLITだが、意思決定基準も通常の会社とは異なり、経済的指標などに代表される短期的な利益を追求するものではない。多様な人が包括されているか、地球環境への負荷がないか（つくるほどよりよい社会になるか）、人権へ配慮されているかといった、わたしたちが目指す社会を継続的に実現できるかどうかをもっとも重視している。そうした背景もあり、2022年12月には多様な価値観を持つ実践者が経営に参加すべきという考えから、アドバイザリーボードを設けることにした。

これまでSOLITは分散型自律組織を採用していたものの、最終的には創業者かつ大株主であるわたしが独断で意思決定できる構造となっていた（わたし自身の倫理観からも、性格的にもそれはできないのだけれど）。そこで、もっと包括的な経営のあり方はないかと議論していたところ、SOLITの外部に委員会を設置して経営方針に提言してもらう体制を整えることにした。

ちなみに、アドバイザリーボードとは「最終意思決定」や「経営判断」をする組織ではない。意思決定者の確信を高めるために、最新の知識、批判的思考、分析力を提供する組織だ。わたしたちにおいては「オール・インクルーシブな社会の実現」と「企業価値最大化」が目的になっている。

SOLITの成長にはわたしたちが目指す社会のあり方をすでに体現し、どうしたらそれをいち早く実現できるのかをアドバイスしてくれる存在が必要だったこともあり、現在この組織には、わたし自身が尊敬して止まない各分野のエキスパートの方々に入って頂いている。

資本の概念を問い直す「やさしい株式」

株式会社でありながら、わたしたちの活動はたくさんのプロボノや応援・協力してくださる方々のサポートによって支えられている。それらに加えて、多様なステークホルダーの方々からの取引・委託関係を超えた関わりによって運営が成り立っているとも言える。わたしたちの活動に対し、「時間」を割いてくれる人もいれば、「知識」や「発信力」などで貢献してくれる人もいる。それぞれが大切に培ってきた資本を共通の目的のために活用し、互いに支え合いながら活動している。その中でも資金面で貢献してくれる存在が株主だ。従来の資本主義では、社会関係資本や個人のパーソナリティなどの形がない重要な資本よりも、お金の価値のほうが高いといった考え方がまかり通っているが、わたしたちはこれらの資本に優劣を設けていない。それぞれの強みを活かし合い、弱みを仲間たちとともに補完し合うべきだと考えている。

もちろん、事業を持続的に展開するには資金調達が必要だ。これはわたしたちが望む未来のためにも避けて通ることができない。だからこそわたしたちはオール・インクルーシブな社会における株式とはどうあるべきなのかについて改めて考えることにした。

そうしていく中で、従来の経済モデルとは異なる株主のあり方を定義し直す必要があると考え、長期的かつ持続的な視点からオール・インクルーシブな社会にふさわしい株式をデザインし、資金調達することにした。それが「やさしい株式」だ。この仕組みでは、従来は株主のみが持っている「議決権」が制約される。わたしたちはこの議決権こそが本来実現したい経営とはかけ離れた意思決定をせざるを得ない場面をもたらすと考えている。

その代わりにビジョンの未達などの理由によりSOLITが解散する場合には残余財産の範囲で元本を返すことを約束している。株主の配当も経済的かつ短期のリターンを求めるものではなく、SOLITのビジョンの実現を通じ、経済的・社会的インパクトが拡大した時に享受できるものと定めている。ここまで読むと、やさしい株式は「株主がただ寄付をしているようなものじゃないか」と、考える方もいるかもしれない。

しかし、SOLITでは多様なステークホルダーの総意に基づいて意思決定をしているため、株主が議決権を限定的に持つことは矛盾していると言える。これに加えてSOLITでは、株主は資金の提供によってビジョンの実現を目指す一員だと定義している。先述の通り、資金は人材や物資といった他の資本より優れているわけではないことからも株主に優位性を与えることはふさわ

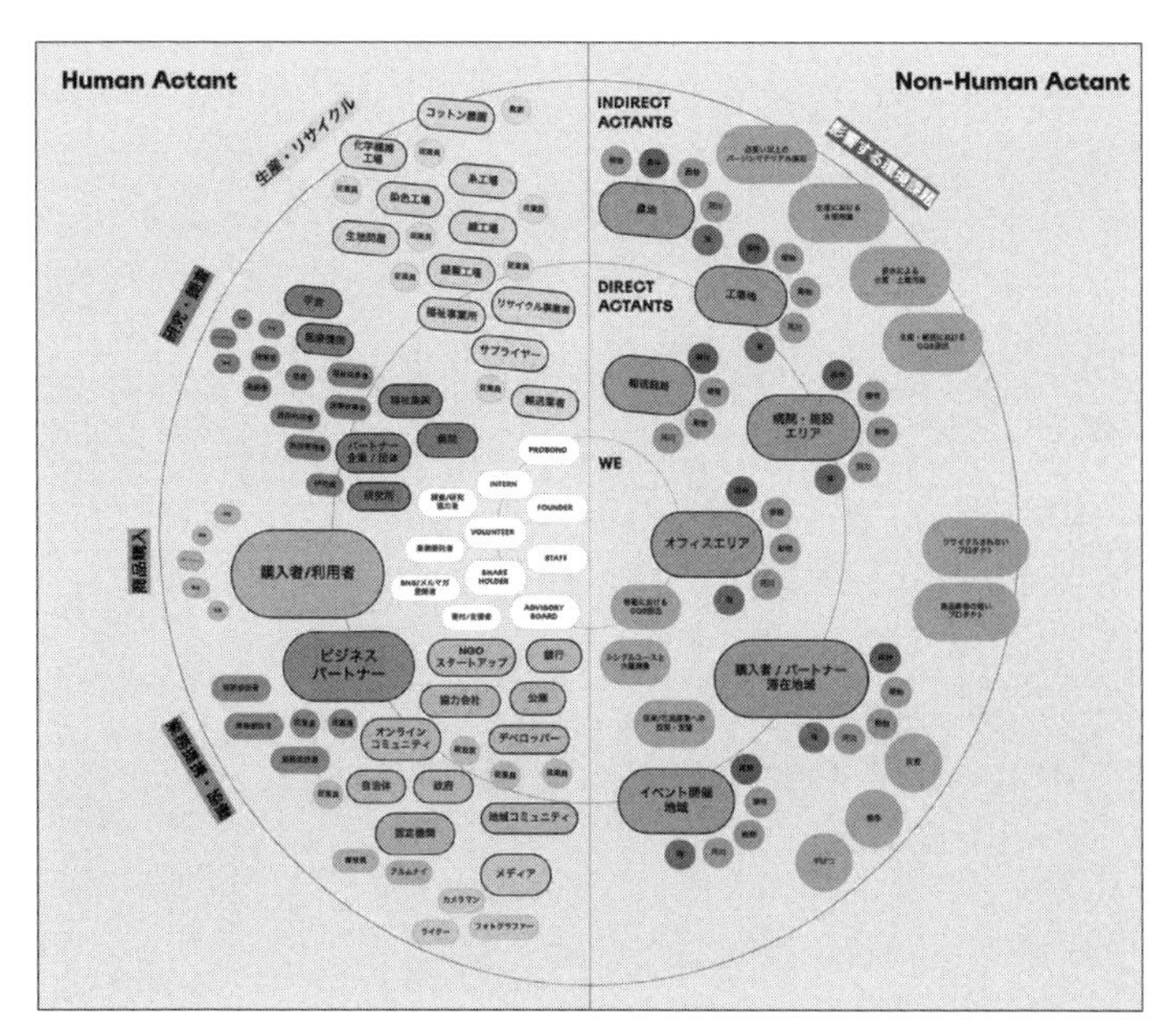

SOLIT！Stakeholder Map

すべての行動者が相互につながる存在であるため、その関係性は線でつなげず、カテゴリーを分けている。また、人数の多さや集合体、個なのかを分かりやすくするために人数の多さは枠の大きさで集合体と個は枠のあるなしで表現している。左半面が人間、右半面が人間以外をマッピングし、その関係は線対称に位置づけられている。

参考：The actant mapping canvases
（https://uxdesign.cc/tools-for-environment-centered-designers-actant-mapping-canvas-a495df19750e）

しくないと考えている。

SOLITのサスティナビリティ

わたしはファッションに対し、服を着る人の気持ちを明るくしたり、あるいは服を選ぶ楽しみや、その機能的価値をもたらしたりといった多様な「光」を放つ力があると考えている。だが、その一方で、「影」とでも言うべき数多くの課題も存在している。

わたし自身、着たい服を選べなかったことがブランド設立のきっかけになったエピソードを紹介した。ファッションとは、そもそも誰もが自律的に選択できるはずのものだが、障がいやセクシュアリティ、体型など、その人を構成する一部の要素・特性により選択肢が限られてしまうことがある。

その他にもファッション産業には、生産・労働・輸送・廃棄といったサプライチェーンすべてにおいて課題が存在している。ただし、それらはすべて「今からでも変えていくことができる」ものだ。したがって、これからわたしたちが克服することによって得た知見や経験はファッション産業が変わる指針になるのではないかと思う。毎日身にまとい、一番身近にあるファッションだからこそこうしたチャレンジがとても重要になるとわたしは思う。

多様な存在に対する配慮はファッション業界だけでなく、これからのものづくりを担う者として「やらないという選択肢はない」と言える。産業革命以降のわたしたち人間は大量生産・大量廃棄のシステムに則ってしまった。その代表格とも言えるファッション産業はまさに環境負荷を後押しする業態となってしまっている。世界中でこうした課題を解決しようとする人や団体などが存在するが、どれも十分とは言い切れない。

一方で、こうした課題に対し、強い意志はあれども、同時に「正解」も存在しないことは分かっているだろう。この問題についてはわたしたち自身も日々悪戦苦闘しているが、思考停止せず、「今わたしたちにできること」を最大限に積み重ねていくことが大切だと考えている。そこで、SOLITが実施している五つのサスティナビリティについて紹介したい。

1 NO MORE WASTE ——不必要なものを生み出さない——

「必要とする人に、必要とされるものを、必要とする分しかつくらない」。これがわたしたち

SOLITの根幹をなす哲学だ。大前提として、何かを生み出すという行為は少なからず環境負荷があるが、服の社会課題を解決するならば、「今世の中に選択肢がないもの」を生み出そうと決めた。

たくさん選択肢があるようなものはわたしたちがつくらなくてもよい。むしろ今すでにあるものを長く使ってもらったほうがいい。だからこそ「必要とする人に、必要とされるものを、必要とする分しかつくらない」と決めた。これが、自分たちが唯一許すことができる生産の定義だった。そんなわたしたちの理想を実現すべく行き着いたのが、先述の「インクルーシブデザイン×セミオーダー制×受注生産」という方法だ。

まず、「インクルーシブデザイン」とは高齢者や障がい者など、これまでのプロダクトの生産・企画のプロセスから除外されてきた多様な人々を巻き込む手法だ。わたしたちは当事者の言葉や想いを聞き、ともに議論やデザインをしていくうえで、そのプロダクトの必要性を初めて判断するようにしている。そして、企画段階ではさまざまな年齢や体型の方々、セクシュアリティや障がいを抱えた方々にとにかく試着してもらうようにしている。さらに、製品化されたアイテムの最終決定者は当事者の方々だということにも常に意識を置いている。

これに加えて、SOLITではセミオーダー制を採用している。セミオーダー制とはあらかじめ決まったパターンの中から顧客が選ぶ方式だが、1600種類ものパターンを採用することによってオーダーメイドに限りなく近い顧客満足度を実現している。そうすることで、従来の選択肢の中から選択できなかった人が「必要なものを自分で選択できる」ようになると考えている。

さらに受注生産制を採用することによって生産ロスを生まないように配慮している。このシステムによって、在庫を廃棄したり、他の国に受け渡し、処理方法が不明になったりすることを避けることができている。

それ以外にも、商品購入後に捨ててしまう下げ札や、着用に必要のないタグなどは極力排除するようにしている。これらの一連の取り組みによってファッション産業の大量生産・大量消費といった循環されない仕組みに異議を唱えるとともに、生産ロスの大幅な削減を実現している。

2 LONG-LIFE PRODUCT ——商品寿命の長期化——

安価なファストファッションは気軽に購入できるが、1、2回着て捨ててしまうことがある。購入の意思決定のハードルが低いがゆえに、愛着を持てず、廃棄のハードルも低くなってしまうのだ。先述の通り、SOLITではセミオーダーを採用し、身体に合った服を選んでもらうことで、購入後のミスマッチが極力少なくなるようにしている。自分に合った服を選択し、オーダーすることは愛着を育むことにつながる。これによってより長く着続けてもらえるのではないかと考えている。

素材は当初いわゆる再生ポリエステルやオーガニックコットン、植物由来の素材といった環境負荷の少なさを謳い文句にするものを検討したが、一部を除いて今はできる限り同一素材でリサイクルしやすいものを選択するようにしている。また、多様な人が長く着たくなるプロダクトにするために着やすさや洗濯しやすさを重視して化学繊維や混合素材を活用することもある。

実は環境負荷の低い素材を使うほうがかえって耐久性が落ちたり、リサイクルしづらかったりすることがある。そのうえ、大きなロットでつくらなければコストが上がってしまうことさえあるのだ。そうなると、たとえ素材だけがよくなっても結局大量生産のシステムを選ぶか、購入者に負担をかけるかといった選びたくない二者択一になってしまう。

だから、わたしたちは「世の中にある長く使える素材」を選択し、プロダクトに用いることに決めた。素材耐久性もさることながら、長く使ってもらうために商品の「情緒的な耐久性」も重要視している。

さらに、経年劣化に伴う汚れや摩耗などの相談については、LINEなどで相談を受け、リペア・リメイクのサポートも行っている。プロダクトを製作した企業としての責任を最後まで全うできるようなシステムを構築できればと考えている。

3 RECYCLING・REPURPOSING ——リサイクルと再価値化——

SOLITは、商品の梱包にリサイクルの段ボールを用いており、環境に配慮してバージン素材や石油由来の素材を使わないようにしている。さらに、環境負荷をできる限り軽減させ、輸送効率を高めるために梱包資材に余分な空間がない箱または袋も用いている。商品が届くと、シールが1枚のみ貼られ、「なぜシンプルなパッケージなのか」の理由も書くようにしている。

また、商品保護には、工場で余ったが廃棄予定だった新品の残布を再活用している。この布もコットン100%でリサイクルしやすくなっており、風呂敷のように使ったり、掃除に用いたりとさまざまな用途で活用して頂いている。

さらに、やむを得ず着られなくなった服を回収する試みも行っており、リペアやクリーニングに出せばまだ着られる状態の服は、「AWAKE PROJECT」というイベントで再販している。このイベントは着られなくなった（=眠りについた）商品を新たな価値をつけて目覚めさせる（=awake）

という意味が込められ、インターンのみんなで名前を決めてくれた。「新品じゃなくてもいい」という方々は、このタイミングを見計らって購入して頂くことも多い。

再販しづらいものは連携している病院や研究所で研究調査に活用したり、許可を得て摩耗や汚れがある部分の背景などをヒアリングしたりして商品改善に役立てている。それでも活用できない使い古した服はリサイクルパートナーと連携してリサイクルに回す試みも行っている。このリサイクルでもできる限りエネルギーを使わないように心掛けている。

4 HUMAN RIGHTS
——人権保護——

大量生産を請け負う生産工場は、付属品の指定や販売価格がすでに決定しており、そこから縫製価格を算出している。そのため、生産工場の作業効率、請負価格などの検討の余地がないことがほとんどだ。極論を言えば発注元の力が強いため、自由度が低く、人権をないがしろにする取引もいまだ存在する。

そこで、SOLITでは、製作側とともに製作方法を相談して決めている。杓子定規に決め切った依頼をするのではなく、チームになって一緒に考える「余白」を残したいと考えている。

そうした試行錯誤の結果、縫製担当者の不必要な縫製を削減できたり、デザインを改良できたりといったような思いもよらない改善ができるようになった。また、わたしたちはつくり手の方々に敬意を込め、適正な対価を支払うことで対等なパートナーシップを確立できるように配慮している。

さらに、時間・年齢・衛生環境といった労働環境の最低基準をクリアしているかについても確認を行っている。実際に使用している調査シート「Code of Conduct」は複数ページに及び、これを用いたヒアリングを通じて人権が守られていることが確認できた場合のみ発注することにしている。商品開発においても、当事者・プロボノ・専門家などそれぞれのステークホルダーの働きやすさ、関わりやすさと安全性を担保するように心掛けている。

そうした配慮に加え、世間ではトレーサビリティの重要性が謳われている。そこで、わたしたちが目指すトレーサビリティとはどのような状態が理想なのだろうかと再考した結果、従来のものとは異なり、よりパーソナルで手触り感のある情報を集め、公開することにした。この挑戦に共感してくれたのが先述のPanasonicのFUTURE LIFE FACTORYで、その全面的なサポートのおかげで実現できた。

このプロジェクトでは「原料加工担当者の好きなミュージシャンは?」「製造管理担当者の休

日の過ごし方は?」「販売担当者が掲げる夢は?」など、パーソナルで第三者の判断・評価がつきにくい情報を公開した。これは普段は生産国名などを見て無意識下の偏見によって購入を躊躇していたケースに対して、プロダクトの背景にあるさまざまな人間性に触れることで、そうしたバイアスから解放しようという試みだった。

5 BEYOND RULES
——既存のルールのとらえ直し——

SOLITでは従来の美や消費といった定義を常にとらえ直し、ジェンダーレス、タイムレス、エイジレスなデザインのプロダクトを提案し、多様な特性を包括できる選択肢であるように努めている。

例えば、わたしたちの最初のプロダクトであるDawn Jacketはボタンはここにあるべき、縫い目はこうあるべきといった既存のファッションやデザインのルールを超えて開発された。当事者のニーズに耳を傾け続けたからこそ生まれたプロダクトだと言える。

その他にも、Ｗｅｂサイトに使われる言葉や表現にも細心の注意を払っている。男女二分法の上に成り立つ「MENS／WOMENS」といった表記や、何らかの基準に沿った「S／M／L」という表記（何かを中心において、それよりもあなたは〝小さい〟、あなたは〝大きい〟と判断することは、その分かりやすさの一方で誰かが傷ついている）。実はこれらの表記はその間にある存在が抜け落ちている。そして、そのことが無言のプレッシャーや差別に加担してしまっているようにも感じる。

少し話が逸れるが、わたしが創業者になり立ての頃はさまざまな起業家育成支援関係のプログラムに参加した。最近ではMBAを取得した際に「マーケティング」の講座に参加したが、そこでは必ず口を揃えて「ペルソナを決めて」と言われる。もちろん相手が明確ではないのに何かを届けるのは難しいことは十分承知している。

しかし、その場で出てくるサンプルは「丸の内で働く30代前半の女性。SNSでトレンドをキャッチアップして～」といったものだ。もしそんなステレオタイプのような人が複数いたとしても、みんな性格も家庭環境も思想も違うはずだ。わたしはこうした一方的なカテゴライズに違和感を覚えている。

SOLITは多様性を重視している。それは目に見える違いだけでなく、目に見えない価値観や思想、これまでの経験なども含むと考えている。そうしたわたしたちが考える多様性を実現するには、多様な人が挑戦する機会や表現する場を設ける必要があると考えているが、その違いや属性を誇張してマーケティングの道具にするのもわたしたちの思想に反している。

このことを象徴する取り組みとして、多様性を表現したいがために〝見た目が多様なモデル〟を集めることはしていない。わたしたちが目指す未来に共感していることを必要条件としてありのままの姿を写真や映像に残していきたいと考えている。それゆえ、モデルを募集する際に見た目を選定するようなデータの提出も求めていない。エントリー時にはポートフォリオや環境や多様性についてどのように感じているのかを文章で提出してもらうようにしている。

このように世間一般の美の定義の固定化に異議を唱えたり、課題の再生産にどうすれば加担しないで済むのかを問題提起したりしていくのがわたしたちの果たすべき役割なのだと思う。しかも大声で否定するのではなく、「こっちのほうがよくないですか?」と促す雰囲気で。

もっと多様な存在を包括したい

真にサステイナブルな未来を実現するためには、労働環境や生産背景に配慮したよりよい素材・生地の選定が必要だ。しかし、現状のSOLITの事業規模では、自社の農地や工場を運営することはできていない。

また、サプライチェーンの中で関わりのあるすべての人と直接一人ひとり話し合いながら意思決定をしたり、相互に深いコミュニケーションをとったりもし切れていない。現状の会社規模では、完璧に納得いくほどのオリジナルの生地をつくるのも困難な状況であり、既存の素材の中から最適なものを選択するにとどまっている。

だが、ファッションのサスティナビリティをとらえる時に、素材だけを環境によさそうなものに変えるだけでは意味がない。サプライチェーン全体での人権デューデリジェンス（適正評価手続き）をはじめとして適正な生産量とプロダクトの寿命の長期化、そして情緒的な側面としてのプロダクトに対する「愛着」の形成など、構造的かつ多面的に推進しなくてはならない。

そして、時代や仕組みが変わっていく中でも、わたしたちは日々最善を選択し続け、スパイラルアップしていく必要がある。わたしたち1社だけでは解決できないことが多いので、パートナーシップを結びながら解決していきたいと考えている。

SOLITのプロダクトは、さまざまな基準をクリアした無錫の縫製工場〝ＷＩＮ〟でつくっているが、輸送に伴い環境負荷がかかることは否めない。国内であるのがベストだが、先述の通りわたしたちが実現したいデザインや生産方法を受け入れてくれる国内工場は見つけられなかった。そんな中、創業時に協力してくれた同級生やデザイナーから〝ＷＩＮ〟の工場の担当者を紹介してもらい、快くともに挑戦することを決断してくれた。

彼らはいつもわたしたちを応援してくれていて、来日した時にはケーキを用意してくれたこともあった。いつも感謝してもし切れない。このような方々と出会えただけでも幸せだ。今後も継続的に〃ＷＩＮ〃とは一緒に挑戦していきたいと考えているが、環境負荷の軽減についてはもっとできることがないか、生産管理・デザインチームと日々議論を交わしている。

現在SOLITはファッション産業の領域で衣服に関する身体的特徴、身体障がいなどの課題解決に挑んでいるが、本来はもっと多様な分野・存在を包括できるようになりたいと考えている。わたしたちのステークホルダーは、顧客をはじめ事業活動や表現行為に触れたすべての生活者、株主、従業員、共創関係にある協力者・パートナー、地域住民はもちろん、自然と地球をも含んでいる。わたしたちは、多様な自然と人間もすべて受け入れる社会を実現したい。

02
対談

女性らしい事業スタイルを創造する

秋本可愛

Dialogue

あきもと・かあい｜株式会社Blanket代表取締役。1990年生まれ、山口県出身。大学卒業と同年の2013年、（株）Join for Kaigo（現、〈株〉Blanket）設立。介護・福祉事業者に特化した採用・育成支援事業「KAIGO HR」を運営。日本最大級の介護に関わる若者のコミュニティ「KAIGO LEADERS」発起人。Yahoo!ニュース公式コメンテーターなどを務める。

医療と福祉のイメージが変わった

田中　可愛ちゃんと初めて会ったのはSUSANOOだったよね?

秋本　わたしはSUSANOOの4期生だったんです。当時は美咲さんたち1期生がとにかくキラキラして見えました。初めて美咲さんに会った時も「あっ、防災ガールの人だ」と思ったことを覚えています。

田中　当時のSUSANOOはチャレンジしづらい分野の起業家が多かったから荒ぶるような雰囲気だったし、女性も少なかったよね。それにお互い社会人経験がほとんどない中で起業したこともあって、可愛ちゃんは同じような悩みや苦労を分かり合える数少ない仲間だと思っていたんだ。

秋本　わたしも防災ガールとBlanketはテーマは違えど、「関心を持ってもらいづらい防災や介護を若者にアピールする」という意味では課題意識が近いと思っていました。

シェアオフィスに同居していた時期もあって、防災ガールのPR戦略の勉強会に参加させてもらったりもしましたよね。

田中　合同合宿も1回やったよね。

秋本　美咲さんにはたくさんのきっかけと学びの機会を頂いたと思っています。同じシェアオフィスに入ったのは防災ガールがいたからと言っても過言ではないですね。

田中　わたしもBlanketの活動にはとても刺激をもらっているの。実は、わたしの中にある医療や福祉のイメージは、可愛ちゃんの活動を間近で見ていたことで培われたと思う。

秋本　わたしは美咲さんに何か教えたことなんてあったかなあ。

田中　可愛ちゃんの周りには、イノベーティブでハッピーなオーラをまとった介護従事者の方々が多かったよね。それまでのわたしは介護従事者の方は遠い将来お世話になる人という程度の認識だったんだけど、そうした印象が大きく覆された。可愛ちゃんと出会っていなかったら、SOLITのアイデアは生まれていなかったかもしれない。

社会起業の意義が問われている

田中　お互いイベントや講演会に呼ばれることが多いと思うんだけど、特に20代の頃は活動内容の評価よりも若い女性だから選ばれたと感じることが多かったんだよね。

秋本　確かに、そういう傾向は感じましたね。わたしは起業から10年を迎えてようやく実績で評価してもらえるようになったと感じています。とはいえ、介護業界ではまだまだ若手と言われていますが。

田中　確かにここ数年は属性よりも事業内容を評価しようという流れがあるよね。でも、日本社会は男性中心のルールの上で成り立っていて、いまだに寝ずに頑張るというようなことが美徳とされているんだよね。

こうした価値観には違和感があるな。

秋本　最近はインパクト指標（社会的・環境的な変化や効果を示す事業指標）を重視する流れがありますよね。でも、その本質を理解していない企業も少なくないように感じますし、そうした企業との差別化の意味でも社会起業のあり方や意義が問われているように思います。

田中　社会起業家たちが当たり前にやってきたことを今はＥＳＧ（環境・社会ガバナンス）やＳＤＧｓと言っているように感じるんだよね。

そうした旗印のもとに投資や資金が集まるようになってきていることは以前と比べればよい傾向だとは思うけれども、必ずしも社会的に重要な活動をしている人たちのもとに届いていない印象があるんだ。日本社会はもっと企業の本質を見てほしいなって思う。

女性起業家のロールモデル

秋本　事業が属性で判断されにくくなってきていると

はいえ、女性起業家はまだまだマイノリティな存在です。自分の立場や周囲への配慮から、起業家としての辛さや痛みを打ち明けることが憚られる傾向があるようにも思います。

でも、美咲さんはよいことも悪いことも先陣を切って発信してくれる。そうした姿勢にいつもパワーをもらっています。

田中　特に防災ガールの時のわたしは常にアクセル全開だったよね。でも、今はもう若い時みたいに頑張れない感覚がある。だから、30代の女性の体の変化に合わせて無理せず事業を進めるスタイルに変えることにしたんだ。同世代の女性たちはきっと体の変化や不調を感じていると思うんだけど、そうしたことを口にしないよね。

秋本　ほとんど言わないですよね。

田中　わたしは女性らしい働き方をしている女性起業家のロールモデルがほとんどいないように感じているのね。たとえ、女性起業家のロールモデルがいたとしても、それは男性以上に働く人のことを指しているように思う。

でも、可愛ちゃんは「出産して母になる」というライフステージを経て、それとは異なるスタイルを描き始めようとしている。可愛ちゃんには女性起業家の一つのあり方を示してもらえたら、嬉しいなと思っている。

秋本　わたしのいる介護業界には諦められている小さな希望がまだまだたくさんあるんです。美咲さんはそうした声にならない希望を一つひとつ拾い上げてSOLITを立ち上げ、当事者の方が「困っているんだ」と言ってよい環境をつくってくれた。

わたしにとって田中美咲は道標なので、美咲さんが思うがままに進んで行く道についていきたいなって思っています。

第6章

人のためだけでなく、人とともにデザインする

デザインを人を豊かにするツールに

ＳＮＳやＷｅｂなどの発達を通じて世界がつながったからこそ、多くの人が出会い、多くのことを知ることができるようになった。そうした一連の技術の発展によって直接手に触れなくとも、国境を超えて、人を幸せに豊かにできるようにもなっている。しかし、物事はプラスの側面があれば、必ずマイナスの側面があると言える。例えば、３Ｄプリンティングは福祉用具をつくることもできれば、武器をつくることもできる。つまり、それを扱う人間次第で毒にも薬にもなると言えるだろう。ここで、皆さんに問い掛けたい。これまでＳＮＳに投稿した言葉や誰かに伝えたこと、デザインを通じてアウトプットしたものは本当に誰かを傷つけていないだろうか？

そうした言葉や行動の背景をつぶさに見ていくと、苦しんだり、悩んだりしている人が少なからずいることが分かるはずだ。例えば、デザインについて言えば差別を加速させたり、課題の再生産を促してしまったり、合成の誤謬に加担してしまったりすることもある。さらに、ＳＮＳでは毎日と言っていいほど何らかのデザインや広告が炎上しているのも見る。もちろん、制作側は誰かを傷つける意図はないはずだ。だが、起きてしまっているのだ、望んでもいないことが。

だからこそ、わたしは多くの課題を見て見ぬ振りをするデザイナーにはなりたくない。デザインを大好きでい続けたいからこそ、デザインを「罪を犯す武器」にするのではなく、「人を豊かにする解決ツール」に変えたいのだ。

SOLITは先述した通り、iF DESIGN AWARDの際に審査員から、「人のためだけでなく、人とともにデザインするというマントラを体現している」という評価を受けた。このコメントはまさしくわたしたちがデザインをどのようにとらえているかを端的に表現した言葉だと思う。SOLITのデザイン手法や考え方については本章の後半で紹介するが、わたしたちは多様な価値観を持つ人が存在し、その受け取り方も多様であるという大前提に立ってデザインしていきたいと考えている。

こうしてデザインを語っているわたしだが、実はこれまでアートやデザインを体系的に学んできた経験がない。周りを見渡せば、友人たちはみな有名美術大学を卒業したり、デザイン事務所で働いたりとデザインを学んできた経験がある。だが、わたしはと言うとラーニングバイドゥーイングの極みだ。デザインのスキルについて言えば、都度Ｗｅｂで検索しながら必要に応じて方法を模索し、何とか身につけてきたが、その根本的な理由は外部のデザイナーに発注するほどの資金がないことによるものだ。さらに言えば、学生時代に特に美術が好きだったわけでもなかったので、美術大学に行こうという選択肢もなかった。そんな無知なわたしゆえに、デザインを学んできたことがないからこその厳しい指摘を受けたことも多々ある。ただ、わたし自身の学びになるような指摘や批評ならもちろん受け入れるのだが、「美大マウンティング」のようなものに遭遇することもあったし、未経験ゆえに評価すらされないこともあった。

しかし、活動していく中で出会った海外のデザイナーやデザインのエキスパートの方々などが、幾度となくデザインの概念や歴史を紐解いてくださったおかげでわたし自身デザインの意味をとらえ直すことができた。わたしは「ノンデザイナー」と言われてきたが、あくまでそれは狭義の意味であって、デザインを広義にとらえた時には、わたしもデザイナーであると気づくことができた。そして、社会課題の現場に居続けたわたしだからこそとらえることができる倫理や正義をもとにデザインすることは、「ソーシャルデザイン」の概念とも地続きだということも教えてもらった。

確かに、わたしはプロダクトをデザインすること以上に、社会に対して、課題を解決したり、伝えたりしたいことがある。それゆえ、デザインの手法がグラフィックやWｅｂの時もあれば、時にスピーチ、ワークショップのこともあるかもしれない。

わたしはデザインが技術をもとにした「ＨＯＷ」が先行するものではなく、その基礎に倫理や正義があり、これらを達成するために最適な手法を選択しているものなのだと気づいた。そこで、広義のデザイナーの視点からSOLITのデザイン哲学や手法を紹介したいと思う。

デザインの政治性

すべてのデザインには政治的な側面がある。『戦争とデザイン』（左右社）という本にも書かれているが、「わたしたちが何かを生み出そうとする時、そのアウトプットは何らかの実現したいことや伝えたいこと、解決したいものがある」ことを意図している。時に、それらは従来の仕組みや制度への違和感からの改善提案であったりする。そうなると、直接的ではないにしても何らかの意思や力が働いていることは間違いない。

つまり、これは直接の政治活動ではないが、社会に対する意思表明であることから政治参加とも言える。デザインには物事を分かりやすく伝えたり、人々の感情に働き掛けたり、言動の意思決定を促したりするといった側面もある。例えば、過去の戦争の舞台で広告代理店やデザイナーが暗躍しているのを見れば、自明なことだろう。

だからこそ、デザインは製作のプロセスに介入する意図やその対象にも配慮しなければ、倫理観や正義などないものに終始し、時には二分論や中心主義的な土台の上で成り立ってしまうことになる。これを意図するならばデザインの力をうまく活用していると言えるが、デザインに対する無意識・無関心が課題の再生産へ加担してしまうこともあるだろう。

とはいえ、誰がデザインしたのか、誰が対象となるのかは製作過程でブラックボックス化されてしまうことが多い。だが、わたしは、神は細部に宿るのだと信じて止まないし、無意識下に宿る「マイクロアグレッション」（無意識の差別や偏見で誰かを傷つけてしまうこと）がアウトプットに影響してくることは間違いないと思っている。もし、そうでなければ、なぜいまだに誰かを傷つける発信が数多くなされてしまうのか理解できない。

例えば、制作の過程では、発注元と製作側の力関係や縦割りのフローゆえの無責任な納品、売上・KPI至上主義など、多岐にわたる課題の積み重ねがある。先述の通り、デザインにどのような影響力があるのかについて個々が配慮し、知ることが重要だと思うが、加害の芽をすべて摘み切ることは難しい。だからこそ、多様な人とともにデザインし、意思決定の場にさまざまな意見を取り入れ、暴力性をなるべく排除することが、わたしに与えられたデザイナーとしての役割なのではないかと思っている。

SOLITのインクルーシブデザイン

第5章でも触れたが、インクルーシブデザインとはデザイナーが課題当事者の「ために」デザインするのではなく、課題当事者を含む多様な人と「ともに」デザインする手法だ。そのため、みんながデザイナーやユーザーになり、多様な人や意見を包括しながらデザインをつくり上げていくことになる。

わたしたちSOLITは、企画・デザインの段階から車椅子ユーザー・片麻痺の方、アトピー性皮膚炎の方、セクシュアルマイノリティの方、理学療法士、プロダクトデザイナー、鍼灸師、介護士、パタンナー、縫製担当者、産業廃棄物処理事業者、環境系アクティビスト、人文・社会科学研究者といった多様な方々の知見や技術を借りながら、プロダクトを生み出している。わたしは四つの観点からあらゆる分野にインクルーシブデザインを取り入れることにメリットがあると感じているが、その理由をSOLITの活動やわたしの経験を踏まえて紹介したいと思う。

1 対象者の拡大／マーケティング
――可視化されにくいシーズを見つける――

これまでビジネスの現場では、潜在購入者の多いマークドやマジョリティに向けた商品やサービスが多かった。もちろん、営利企業にとっては当たり前の経営判断だろう。しかし、そうしたマーケットは競合も多くレッドオーシャンだ。最終的には規模や資金の勝負になってしまう。そうした競争から生まれた商品・サービスには選択肢が少なく、必ず見落とされる人が出てきてしまうだろう。

一方で、ターゲットから外れたシーズは可視化しにくいことから、企業側もマーケットがあると判断しづらい。だが、インクルーシブデザインの手法を用いれば、多様な課題当事者の声をプロダクトに取り入れることができる。これをきっかけにまだ参入されていないブルーオーシャンを見つけ、これまでアプローチできていなかった新規・潜在顧客とのつながりを生むことができるようになる。

2　LTV（顧客生涯価値）の向上 ――本当に愛されるものをつくり、リピーターを増やす――

選択肢が少ない、もしくはないと感じているターゲットは、一度自分にとって使い心地のいい商品を購入すれば長く使い続ける可能性が高い。なぜなら、競合商品が少ないので他の商品へとスイッチしにくく、マジョリティよりも必然的にニーズが高まる傾向になるからだ。一度よいものに出会うと、何度も繰り返し同じ商品を使い続ける傾向もある。つまり、本当によいものをつくれれば、リピーターが増えることにつながるのだ。

顧客が愛着を持てるものと出会えれば、「情緒的耐久性」が増す。すると、一人の顧客が生涯にわたって企業にもたらす利益は確実に増えるのだ。これをLTV（顧客生涯価値）と言うが、この価値を高めることによって、常に新しいものをつくり続けなければならないという負のループから抜け出し、本当によいサービスや商品を生み出すことに集中できるようになる。このプロセスを経ることによって、経済的・社会的にも意義のあるものづくりに転換できるのだとわたしは考えている。

あくまで1事例でしかないが、わたし自身自分の体型によって選べる服の幅が少ない状況にある。それに加えて、アトピー性皮膚炎を患っており、出張も多いので、服はコンパクトでシンプルなものを優先的に選ぶようにしている。そんな状況だとデザインや価格帯以前にフィルタリングする場面が多くなってしまう。ようやく選んだ選択肢の中から自分の財布事情や他のアイテムとの調整が始まるので、この「選択する」という行為自体にかなり時間を要するのだ。

だから、すべてにフィットするようなものが見つかった時には、涙が出るほどの感動すら覚える。そこまで感動して手にしたものは、くたくたになるまで使い続けるし、たとえ、壊れても自分でリペアし続け、他のブランドには見向きもせず何度もリピートすることになる。そうなると、その商品の素晴らしさを周囲に熱量を持って伝えるし、似たような課題を持つ仲間たちにも教えてあげたくなる。ファッションブランドやスニーカーしかり、化粧品しかり、わたしが数十年にわたって同じブランドのものを使っている事実が企業のＬＴＶを高める意義を物語っていると言えるだろう（ちなみにわたしが以前運営していた環境系のオンラインコミュニティでは、こうした構造を物語るかのように直接会うとみんなお揃いのアイテムを身につけていた）。

3 価値創造・イノベーション創出 ――多様な存在と意見を受け入れ、組織の同一性を回避する――

企業がこれまで見聞きしてこなかった課題当事者の意見を積極的に取り入れることによって新たな価値に気づくことができ、イノベーションが生まれやすくなることは想像に難くないだろう。だが、日本の企業の場合は日本人のみが働いていたり、年功序列型であったりすることが多い。そうした同一性が企業全体に広がってしまうと、異なる意見や思想が反映されづらい環境がもたらされる。すると、似たような傾向の人たちが集まってしまい、どんなにイノベーションを起こそうと努力しようとも起こしづらい構造に陥ってしまうのだ。

また、この環境のネガティブな側面を見るならば、同一化した組織内で「よい」とされたアイデアやアウトプットが別のコミュニティや存在にとっては不快に感じる表現のこともある。相手を傷つけるような要素があっても、本人たちが気づきにくいこともあるだろう。時にそれがSNS上などでの炎上の原因になったり、事故につながったりしかねない。

こうした時に外部からチェックを入れてもらえばいいのではないかという意見もあると思う

が、それだけでは既成のアウトプットに対するチェックは不十分だと言える。そもそもの企画段階から多様な意見や存在を取り入れることこそがリスクマネジメントにおいても重要だ。こうしたステップを踏むことで、新たな価値創造やイノベーションが生まれた際も実際の経営判断としてＥＳＧ分野での先行投資ができたり、業界の中で優位なポジションを獲得できたりするようになる。

前例や売上を重視する企業にとっては、新たな価値創造やイノベーションに対して投資しづらいこともよく分かる。しかし、このような時に新たな挑戦ができる企業こそ、時代の変化に合わせて生きのびることができる企業なのではないかと思う。特にダイバーシティ&インクルージョンが根付いていない日本では、企業価値を高めることにもつながる。こうした企業が増えていけば、社会構造が変化し、やがて新しい文化や社会システムが創造される土壌が生まれるだろう。

４　信頼性・コーポレートイメージの向上
――顧客に信頼と安心をもたらす――

コーポレートイメージの向上を図るにあたり、顧客を対象に企業ブランド価値を高めるだけでは不十分だと言える。なぜなら、企業と個人の関係性の中では、株主として関わることもあれば、従業員として働いたり、購入者としてサービス受益者になったりすることもあるからだ。一人が企業に対し、複数の関わり方をしていることを前提だと理解する必要がある。さらに、個人がソーシャルメディアをはじめとする発信力を身につけている現代においては、顧客以外の評価も無視できなくなっている。だからこそ、ステークホルダーの一部に対し、表層的によく見せるだけでは不十分なのだ。

そうなると、何度も繰り返すようだが、重要なのは経営判断やサービス・プロダクト開発・情報発信・制度設計などあらゆる分野の土台に多様性を包括することだと言える。あらかじめ既存商品や企業哲学に含まれるマイクロアグレッションや格差、人権侵害への加担の可能性を議論することによって、「求める企業像」に見合った組織経営やサービス開発ができるようになるだろう。そうした過程を経たアウトプットかどうかを表明するかは各企業の判断に委ねられるが、こうしたアウトプットには裏付けがあるので、顧客に信頼と安心を抱いてもらいやすくなると言える。

一方で、たとえどんなに美しいデザインの商品やサービスであったとしても、その存在意義を議論することは大切だ。表層的なワーディングやデザインの加害性も気をつけたいところだが、それだけでなく、そのサービスやプロダクトが生まれ、存在する背景や影響力までも考慮することが重要だと思う。この思想については次項でくわしく紹介するが、こうしたプロセスはこれまでデザインチームや企業の役員たちの意思決定だけで進められることが多かったように思う。しかし、そうした少数の人間の想像力だけではカバーし切れないことが多い。そうならないためにも、信頼性やコーポレートイメージに紐付く多様な意見を企画段階から取り入れるインクルーシブデザインの手法が重要になるのだと思う。

存在論的デザイン

前項までは、あらゆる企業や分野でインクルーシブデザインの手法を取り入れることのメリットを紹介した。デザイン的思考がもはやデザイナーだけのものではないことはご理解頂けたのではないかと思う。あらゆる領域で用いられているデザインだが、昨今ではその対象となる「存在」の背景への理解を深めたうえで、プロダクトをつくり、表現することが求められている。だからこそ、わたしはデザインの対象となる存在がどのような意味をなすのか、なぜそこに必要なのか、それがどのような影響を及ぼすのか、といったことについて多角的に考えることができるデザイナーが今後はもっと必要になるのではないかと考えている。

そうした視点でデザインをとらえることを、「存在論的デザイン」と呼んでいる。これは、アリストテレスやヘーゲル、ハイデガーをはじめとする哲学者が提唱する存在論（Ontology）の思想をデザインに応用した思想だ。

わたしたちは日々の暮らしの中でさまざまなものを生み出している。それらの範囲はわたしたちが日常的に発する言葉からデザイナーによる文具や家具・家電といったプロダクト、建築物に至るまでさまざまに及ぶ。これらが積み重なり、関係し合うことによって環境・社会が構成されているとも言える。一方で、わたしたち自身もそうしてつむがれた環境・社会の中で生きている存在だ。つまり、「わたしたちがつくったものによってわたしたちの行動もデザインされている」と考えられるのだ。

SOLIT の衣服が存在論的デザインに基づいていると考えるならば、プロダクトをつくって終わりということはあり得ないことになる。自分たちが生み出したものの社会的責任はその後も続いていくのだ。これは少数の独立したコミュニティの中で生まれたものであろうが、公に公開されたものであろうが本質的な責任は変わらない。

加えて、その影響は短期的なものもあれば、時代を超えて影響を及ぼすものもある。だからこそ、何かをデザインするわたしたちはその責任として倫理と正義に基づき、「誰かを傷つけていないか」や「デザインを生み出すことの意味」を見つめ直す必要があるのではないだろうか。

これに加えて、購入者も加害性を持っていることを認識すべきだと思う。今こそ購入者も存在論的デザインの思想を背景に「このプロダクトを使うことはどういう意味を持つのか」と問い直す必要があるのではないか。「一度だけ購入してみた」ということが、言葉の通りにはならないことに早く気づくべきだろう。

デザインの責任
——プロダクトは一人歩きする——

すべてのデザインは誰かの手によって生み出されている。ふと、日々の生活の中で「デザインの展示会に来てるようだ」と感じることがある。目の前にあるマグカップ、今座っている椅子、わたしが今タイピングをしているパソコンやスマートフォン、毎日連れ回すバックパックも全部そう。どれもが見知らぬ(時に知っている)誰かが検討を重ねてデザインしたものを身につけているのだ。「どうしてこういう形にしたんだろう」「別の意見は出たのかな」など妄想すると、ワクワクが止まらなくなる。

しかし、ひとたびデザイナーの手を離れてしまえば、プロダクトは一人歩きすることになってしまう。『The Politics of Design』という本では、「たとえデザイナーは発注者の意向に合わせて『よりよいものをつくろう』とデザインしたとしても、想定していた使い方をされなかったり、その使い手の弱きに流れ、時には犯罪に使われたりと悲しい結末に至ってしまったりする」と、デザイナーの責任の範囲について疑問を投げ掛けている。

そこで、SOLITでは、企画をする時点でその内容が人や地球環境に影響がないかをチェックし、製作の過程でも生産者や環境関連のアクティビストの仲間に相談をしている。効果測定の基準も売上やPVなどではなく、いわゆる社会的インパクト評価を自社で設定するようにしている。SOLITは課題解決のためのサービスという存在意義があるため、「プロダクトで解決した課題の種類」なども重要なポイントの一つになっている。

本項では、SOLITの責任の指針のポイントを紹介したが、デザイン（地球で日常生活することも含む）や消費することへの責任を感じた方は今からでもできる四つのことをぜひ実践してほしいと思う。

1 歴史や文化、蓄積された価値観の地続きの中にいることを理解する

これは当然のことのように思うが、実はわたし自身最近まできちんと理解できていなかった。デザインに関心を持ち始めた頃や最初に起業した時には、目の前のことに集中するあまり、わたしの視野は「今」と「未来」だけを見ていた。しかし、活動を続け、その課題の構造を知る中で、歴史背景や社会構造、その背景にあるさまざまな人や国の価値観が折り重なって地続きになっていることを知った。

例えば、課題解決や価値創造するために「今」だけを見ていると、表層的で脆く、風が吹けば飛んでいってしまうような構造を生むことになってしまう。いわゆる「バズ」にはなったとしても根付きにくい。さらに、これまでの過程を軽視し過ぎてしまった結果、後にその背景を知ると「変えないほうがよかった」といったこともあり得るのだ。

だから、わたしたちの活動や意思決定は、先人たちの努力の賜物であることを知るべきだ。そうした恵みに感謝し、敬ったうえでそれでも変えたいものや生み出したいものができた時には、

それ相応の責任を負う覚悟が必要だということを認識しておくべきだ。

2 アウトプットが手を離れて知らない人に伝わっていくことを想像する

自分がつくったものがひとたび手を離れると、外に飛び立ってしまう。このことはもちろんプロダクトやサービスもそうだし、SNSやブログなどの発信もそうだ。特にSNSで書かれる言葉は、自分や周りの人だけが見ているものだと勘違いしたものもあり、公に出るものだということの意味合いを理解していないものも多い。書き手の顔や素性が分からない状態だからこそ無責任な発言や誰かを傷つけてしまう言葉を発することができてしまうのだ。

これは個人に限ったことではない。例えば、企業デザイナーも同様のことが発生しうる。実際にデザインしたり、そのチームに入るのは自分自身だったりしても直接誰がつくったのかは公になることは少ない。そのため、納品後にどのような事態になったとしても、最終責任を負うことはほぼないと言える（契約次第ではあるが）。万が一納品物にトラブルが生じたとしても、矢面に立って対応すべきはその発注先だ。

それゆえ、極論を言えばデザイナーは無責任になることだってできてしまう。デザイナーだけでなく個人も企業も自分たちが管理し切れる範囲を超えて行った時に、責任を取ろうにも取れない事態になることを肝に銘じておくべきだと思う。

3 自分の中に倫理観を持ち、伝える技術を養う

SOLITは企業から商品やサービスをアウトプットする時にエシカルチェックを依頼されることが多い。主に「誰かを傷つけていないか」「課題の再生産に加担していないか」といったことを聞かれるのだが、あくまでわたしたちが伝えられるのはできる範囲のことでしかない。最終的にわたしたちの意見を採用するかどうか、そして、それをもとにアウトプットを再設計するかどうかの意思決定は企業側に委ねられている。確かに、自分の中にない「目」を持つ人とともに活動し、時にアドバイスを受けることは大切だが、それと併せて自分自身の判断基準となる倫理観を養っておくことも大切になるだろうと思う。そこで、わたしたちが使っている「D E & I ／E T H I C A L C H E C K」の一部を掲載するので参考にしてみてほしい。

その一方で、企業の窓口となる担当者には、さまざまな社会課題に関心があり、エシカル

DE&I / ETHICAL CHECK

- ただチェックをすれば「完了」になるといった、形骸化してしまう方法では使用しないようにしましょう
- 多様な当事者の声が最も大切です。勝手に決めつけるのではなく、当事者とともに実践しましょう
- 完璧や正解はありません。道半ばでも「現状ここまで行っている」という事を情報公開することも大事です

言葉の選び方・表現

- ◯ 誰かを傷つける表現になっていない？
- ◯ お説教になってない？
- ◯ 価値観の押し付けになっていない？
- ◯ もっと相手が受け入れやすい言葉遣いにできないか？
- ◯ 勝手なカテゴライズをしていない？
- ◯ ルッキズムになってない？
- ◯ ジェンダーバイアスがはいっていない？
- ◯ その言葉の定義は、本当にあってる？
- ◯ 不安を感じやすい人にとって、情報を丁寧に伝えられている？
- ◯ 文化の盗用になっていないか？
- ◯ そのマークや色は、何か別のシンボルになっていない？

価値観と態度

- ◯ それって課題の再生産になってない？
- ◯ その人ひとりの意見を、その属性の「代表」だと勘違いしていない？
- ◯ 「ケアしよう」としていないか(上下関係や区別を助長していないか) ？
- ◯ 知らない間に加害側になっているかもしれない
- ◯ 「諸説ある」中で、何を選ぶか自分で決めよう
- ◯ それって特権に依存していない？

場づくり・チーム

- ◯ 多様な参加者がいる前提で選択肢を用意している？
- ◯ 第三者窓口を準備し、使える状態になっている？
- ◯ 気にしていることが人によって違うかもしれないよ？
- ◯ 不明点がある時にいつでもコミュニケーションを取れる状態になっている？
- ◯ 当事者の声をちゃんと聞こう
- ◯ 当事者不在で企画・開発を進めない

可能性を想像する

- ◯ もしかするとその人は、言語的な表現が苦手なのかも
- ◯ もしかするとその人は、今体調が悪いのかもしれない
- ◯ もしかするとその人は、今PMSなのかもしれない
- ◯ もしかするとその人は、家族に不幸があったのかもしれない
- ◯ もしかするとその人は、耳からの情報を理解しづらいのかもしれない

DE&I／ETHICAL CHECKの一部

チェックの必要性を感じている人が多くいるが、実際に事業改善の提案をしても上司や役員の理解不足によって計画倒れすることもよくある。それと同時に、何度も加害を止めるタイミングがあっても、そのことを周囲に理解してもらえず、そのまま乱暴にアウトプットしてしまい、誰かを傷つけてしまうといった事態になることも多い。したがって、個人の中に倫理観を持つことはもちろん大切になるが、企業や組織の中で自分がよいと思う行動を起こし、実現するためには「伝える」技術も養っておくことが必要になるだろう。

4 多様な視点を持つ人と接する

わたしたちがどんなに理解しようとしても理解できないものは必ず存在する。確かに、戦争体験者と同じ経験はできないし、目の前で家族を失った人とまったく同じ気持ちにはなれない。文化・歴史・信仰などにより形成されたアイデンティティについてもそれぞれの属性やコミュニティごとに異なる。では、わたしたちが当事者にはなれないのだとしたら、どうすればいいのだろうか。

その答えの一つとしてわたしは多様な視点を取り込むためにさまざまな人と交流する機会をつ

くる必要があると考えている。そして、多様な背景を理解するためには、対話を重ねていく姿勢こそが未来への責任を考える土壌となるのではないかと思う。しかし、繰り返しになるが、何事も「理解し切る」「分かる」といった領域に至ることは決してないと言える。

ただ、ここで確実に言えるのは、わたしたちは「分かろうとする」「理解しようとする」姿勢によってお互い配慮し合うことができるということだ。それによって、傷つけ合う関係になることを未然に防ぐことは可能になるだろう。

04
寄稿

Contribution

SOLITの存在とデザインの重要性とその価値について

ウーヴェ・クレメリング

ウーヴェ・クレメリング｜1998年より、ドイツの世界的な音響機器メーカーであるゼンハイザー社のPRO部門の経営陣の一人として活躍。2000年に開催された「ハノーファー万国博覧会」のニューメディア・プロジェクト・リーダーや、グローバル・マーケティング・コミュニケーション・ディレクター、AMBEOイマーシブオーディオ・ディレクター、子会社Dear Realityのマネージング・ディレクターなどを務める。2021年、iF International Forum Design GmbH CEOに着任、現在に至る。

「iF DESIGN AWARD は、1954年以来、世界で最大かつもっとも名高いデザイン賞の一つです。この賞は、デザインが持つグローバルな影響力を重視し、世界中の著名なデザイン専門家で構成される公平な審査員によって中立性が保たれています。年々増えるエントリーの中から、最高品質のデザインが選出され、最高の評価を認めたデザインには「iF DESIGN AWARD Gold」が授与されることになります。

デザイン専門家であるわたしたち審査員は、毎年、この特別な栄誉のために、約11000の応募からわずか75件のデザインを選びます。最高の Gold を受賞したデザインは、特に「アイデア」や「インパクト」の項目でスコアが高く、また Gold 受賞のデザインに共通していることは、トレンドを創り出し、未来志向であり、そしてとてもユニークであるということです。

わたしにとって、田中美咲さんと彼女が生み出した SOLIT はそのすべてを兼ね備えているといえ、わたしが決して忘れることのない iF DESIGN AWARD Gold 受賞者の一人です。彼女のインクルーシブなファッションである SOLIT は、まさに iF DESIGN AWARD の核にあたるものを象徴していると言えます。SOLIT が掲げるコンセプトは革新的であり、（ファッション）デザインではなかなか見られないような独自性があるのです。

また美咲さんは、機能性と美学におけるアイデアを新たなレベルに引き上げ、従来のファッションでは自己表現が制限されがちな障がいを持つ人々に、ライフスタイルを選択しデザインするチャンスを提供しています。つまり、SOLIT は、障がいを持たない人向けに設計されてきた従来のファッションにおける「制限」から、障がいのある人々を「解放」したのです。

そのうえ、スタイリッシュでカスタムフィットのファッションは、ファストファッション業界への解決策として、ジェンダーレスでサスティナブルでもあります。こうして美咲さんはファッションを民主化し、通常は軽視されてしまう人々に何らかの力を与える力強いデザインを生み出しました。

この全人的なデザインアプローチは、「(優れた)デザインの力を借りて、この世界をどのようによりよい場所にするか」という「iF DESIGN」の核となる問いと一致したものであるのです。

「iF SOCIAL IMPACT PRIZE」は、社会をよりよくするために貢献するプロジェクトを支援しています。「iF DESIGN STUDENT AWARD」では、学生がプロフェッショナルなコンペティションに無料で参加でき、賞金と世界的な認知を得る機会を提供しています。そしてこれらの賞に掲げているコンセプトは、国連の持続可能な開発目標(SDGs)に沿ったものである必要があります。

SOLITのようなコレクションをデザインし、これまで存在しなかったものを生み出すことは、とても勇気のいることで、わたしはこれをとても賞賛しています。ベルリンのフリードリヒシュタットパラストで2022年に開催された「iF DESIGN AWARD NIGHT」で彼女の刺激的かつ感動的な魂に出会えることができ、とても嬉しかったです。美咲さんがこのスピリットを持ち続け、自分の想像力を信じ続けることを、わたしは心から願っています。

Uwe Cremering

"The importance and value of the existence and design of SOLIT"

The iF DESIGN AWARD is one of the largest and most prestigious design awards in the world - since 1954.
The award emphasizes the global impact of design and ensures the impartiality of our professional jury, which is made up of high-profile design experts from all over the world.
With an increasing number of participants every year, only the highest-quality designs are selected.
Receiving an iF DESIGN AWARD Gold is the highest recognition an entry can receive in this competition.
Every year, our expert jury<https://ifdesign.com/en/if-design-award-jury> selects only 75 designs out of almost 11,000 submissions for this special honoring.
Gold winners are characterized by high scores for "idea" or "impact".
What all gold award-winning designs have in common: They are trendsetting, future-oriented, and unique!

To me, Misaki Tanaka and her SOLIT collection combines all this and is an iF DESIGN AWARD Gold winner I will never forget.
With her inclusive fashion collection, she epitomizes what has been at the heart of the iF DESIGN AWARD ever since.
The SOLIT fashion concept is innovative and has a kind of

uniqueness that is hard to find in (fashion) design.
Misaki elevates the idea of functionality and aesthetics to a new level and gives people with disabilities who are often restricted in expressing themselves through clothing, more opportunities to choose and "design" their lifestyle.
So, SOLIT frees people with disabilities from the restrictions associated with fashion designed for the non-disabled.
On top, the stylish, custom-fit pieces are also genderless and sustainable as an answer to the fast fashion industry.
Misaki created a powerful design that democratizes fashion and gives some kind of power to people usually marginalized.

Misaki's holistic design approach is very much in line with what we at iF Design also understand as our core questions of responsibility: How can we make this world a better place with the help of (great) design.
With our Social Impact Prize, we support projects that contribute to improving our society.
With the iF DESIGN STUDENT AWARD we give design students the opportunity to take part in a professional competition for free, to win prize money and global recognition.
All submitted concepts must also be in line with the UN Sustainable Development Goals.

Designing a collection like SOLIT, and generally designing something that hasn't existed in this form before, requires a lot of courage. I admire this!
It was a pleasure meeting her inspiring spirit at the iF DESIGN AWARD NIGHT 2022 at the Friedrichstadt-Palast in Berlin.
I really hope and wish Misaki keeps this spirit up and never loses faith in "her creative abilities."

第7章

多様性を前提にチームをつくる

ダイバーシティ&インクルージョン後進国日本

多様性を謳っている企業のホームページを見ると、「女性活躍」「LGBTQ研修」「障がい者雇用」などに積極的に取り組んでいるという言葉をよく見かける。しかし、こうした制度は、企業の意図とは反して多様性とは真逆に機能してしまうことがある。この弊害については後述するが、もちろんまったく理解も示さず、何も行動を起こさないのは論外だと思うし、少しでも行動を起こそうとしていることはとても素晴らしいことだと思う。

しかし、ダイバーシティ&インクルージョンに関しては、日本は残念ながらグローバルの視点から後進国だと思われている。もちろん、一概に「遅れている」とは思わないが、香港やイギリスで現地の企業とダイバーシティ&インクルージョンについて話そうとすると「日本はダイバーシティ&インクルージョン後進国だから」という枕詞から会話がスタートすることが多い。さらに、「日本を拠点にするあなたが、海外でダイバーシティ&インクルージョンを推進するのはどういう意図なの？　日本の企業がもっと変わってからじゃない？」とも言われたことがある。海外から見ると日本は今でも島国で閉鎖的であったり、政治・経済が男性中心主義であったりするなどダイバーシティ&インクルージョンの文脈ではネガティブにとらえられているようだ。

日本人としてはそうした声を何とか否定したいところだが、日本で活動しているといまだに「多様性って儲かるの?」と聞いてしまう企業役員に遭遇することもある。直接このような言葉を何度も言われるようになると、日本企業は多様な存在を認めることに対してこんなにもコンサバティブなのかと、悲しくて居た堪れなくなることもあった。では、なぜ日本ではこんなにもダイバーシティ&インクルージョンが進まないのだろうか?

日本の企業の多くは、いまだ日本人・有名大卒・男性という属性の方が意思決定者となっている(それ自体が悪いことではないし、その中にも多様な人が存在する)。それゆえ、自分の属性以外の存在に配慮することが、経営的には非効率で合理性に欠ける判断だと見なす傾向にある。なぜなら、企業の生産性という意味では、似たような境遇の人が集まったほうが前提条件や情報を共有しやすく、意思決定のスピードも速めることができるからだ。

確かに、SOLITのように多様な価値観の人が集まると、前提条件の擦り合わせや共通善を見つけ出す作業に時間がかかる。しかし、企業が同一性を保つことが構造的に多くの人が挑戦する機会を奪い、存在をないものにするような構造を生み出してしまっていることは明らかだ。「世間から批判されるから多様性に配慮する」ようでは本質的な問題から目を背けているのと同じだ。世界には多様な人が存在し、多様な価値観や考え方がある。そんな当たり前のことは企業が大前提として理解したうえで、各種制度設計をすべきだとわたしは思う。SOLITはそうした当たり前を当たり前のこととして実践する人や企業とともに未来をつくっていきたい。そこで、本章では、多様性をキーワードにしてきたSOLITのチームのつくり方を参考として紹介する。

主語の大きさが多様性を妨げる

わたしたちがチームをつくる際に大切にしている前提がある。それは「同じ人間など誰一人として存在しない」ということだ。企業が多様性を謳う際に掲げられる「障がい者」「セクシュアルマイノリティ」「高齢者」などといったカテゴリーはなぜか主語を大きくしてしまいがちだ。本来それらのカテゴリーはわたしたちが考える以上に多元的・インターセクショナルで複雑であることがほとんどだ。だが、多くの場合企業は経済合理性の立場からそうした多様性の構造を直視しようとしない。

例えば、ミーティングのメンバーの中に「障がい者」の方がいるとしよう。しかし、障がい者と一口に言っても、障がいの種類によって配慮すべき事柄は変わってくるはずだ。つまり、大きな主語を使ってしまうとその対象となる範囲は大きくなり過ぎてしまい、それぞれのメンバーの能力を活かすために細やかな対策がとれなくなってしまうこともあるのだ。

車椅子ユーザーであれば、段差の有無やトイレの使いやすさなどがポイントとなるし、聴覚での情報処理が苦手な場合には、視覚的なスライドやホワイトボードで議論が可視化されていることやオンタイム議事録をとることなどが重要になる。そしてこれらもまた障がいの軽度、重度によって方法は変わってくるものだ。このように人によって配慮すべき要素はさまざまだ。加えて、これらの特性を複合的に持っている人もいれば、わたしたちが理解し切れていない特性を持つ人もいるだろう。

だから、たとえ一般的には同じ属性にカテゴライズされたとしても、その本質は本来グラデーションなのだとわたしは思う。さらに言えば、一般的に障がい者とされる人は「障害者手帳」を持っている人のことを指すが、同程度の症状があっても自己判断により手帳を取得しないと決めている人もいれば、どんなに取得したくても時間がかかってしまう人もいる。また、目に見える障がいもあれば、自閉症、ＡＤＨＤ／ＡＳＤのように外からは分かりづらい障がいもある。したがって、これらを一概に一括りにすることは個々の障害の特性を無視することになる。カテゴリーや属性を掲げることはかえって多様性を妨げることもあるのだ。

断らないを前提とする採用

企業においてチームづくりの生命線になるのが採用だ。SOLITはわたしたちとともに活動したいという意思のある人であれば、基本的に採用を断らないと決めている。より多様な人が生きやすい社会を目指すために、多様な人を受け入れるようにしているが、もちろん志望者全員が入社しているわけではない。これには大きな理由が二つある。

一つ目の理由は、志望者が求めていることがわたしたちの現段階の組織の状態やリソースでは実現できない場合だ。SOLITにエントリーしてくれている志望者なので、気候変動や人権やデザインなどに関心のある人が集まるのだが、わたしたちの目指す方向性とは異なる個人的な課題解決をしたい人もいれば、より大きな市場で挑戦をしたい人もいる。大きなリソースのある組織であれば、こうした人材の新たなアイデアや提案もまずは挑戦を促すこともできるだろう。

しかし、わたしたちはまだ小さな組織であり、リソースも限られている。限りあるリソースを活用しながら戦略的に動く必要があるため、今すぐに志望者のやりたいことを実現できる環境があるわけではない。そうした理由から、「今は一緒に活動するべきではない」と判断することもある。

二つ目の理由は、本当は志望者に別にやりたいことがある場合だ。面談では、たとえ志望者と一緒に働くことにならなかったとしても、いつか仲間になるかもしれないと思いながら話すようにしている。その面談の中で、特に重視して聞いているのが、「人生で成し遂げたいこと」「人生やキャリアの選択基準」だ。これらのビジョンを聞いたうえで、わたしたちと活動することが相手にとって意味のあることであれば一緒に挑戦しようということになる。

また、お互いを知る中で、実は志望者がもっと他にやりたいことがあるのではないかという結論に至ることもある。例えば、志望者の中で多いのが「SOLITで学びたい」という志望動機だ。確かに、学ぼうとする姿勢は大切だが、SOLITは営利事業であり、社会課題解決を目指す組織体であるので、そうした姿勢だと対等に仕事をする仲間にはなりづらい。こういった時は、大学や専門学校などを紹介して学びの選択肢を提案する。

それ以外にも、自分がつくりたいものが明確にある人もいる。その場合は仕事をする時間があるなら実践の中でトライアルアンドエラーをしたほうがよいのではと提案をすることもある。このようにたとえ、面談であったとしてもお互いの想いを正直に伝え合ったほうがいいとわたしは考えている。そのため、時には人生相談のような時間になり、涙を流す方がいたり、そのプロセスで自分が本当にやりたかったことを見つけ出して新たなチャレンジを始めたりする人もいる。

このようにお互いのミスマッチを防ぐ意味でも、面談はストレス耐性や適性を判断するような採用の有無を決める時間にはしていない。志望者には事前に連絡し、「お互いを知り、そのうえで本当に一緒に活動すべきかを考える時間にしましょう」と伝え、SOLITに入社するという前提で面談を受けないでほしいと伝えている。面談はこちらが判断する時間というよりも、志望者側にとって「本当にここでいいんだっけ」と確かめる時間に使ってほしいと考えているからだ。

このように、SOLITでは一般的なフレームワークに当てはめた採用面接や選考フローを行っていない。そのため、一般的な就職面接を経験してきた志望者の方からはSOLITの面談に対し、批判的なメッセージを頂いたこともある。しかし、どの志望者に対しても給与や勤務方法、業務内容などを伝えたうえで、面談の最後で「あなたが本当に今わたしたちと働くべきなのかもう一度考えてほしい」と必ず伝えるようにしている。

もちろん、分かりやすい採用フローに従って、面談の合否を伝えるほうがはるかに楽だ。だが、その方法だとわたしたちが目指そうとしている社会のチームづくりにはそぐわないと考えている。これはもはやわたしのエゴかもしれないが、ともに困難な課題解決に挑戦する仲間だからこそ、お互いに知り合う時間が貴重だと考えている。

関わり方の多様性

人はそれぞれ価値観やライフスタイル、家族構成や生活環境、置かれた状況もまったく異なっていることをここまで何度も指摘してきた。そうした背景があるにもかかわらず、日本企業の場合、仕事の時間や場所が固定されていたり、契約形態が固定されたりしてしまうことがほとんどだ。もちろん、そのほうがスタッフをマネジメントしやすいので企業側にメリットがあることは分かるが、一人ひとりのパフォーマンスの最大化や働きやすさなどといった側面はほとんど考慮されていないように思う。

このように関わり方が決まっている環境では仲間になれる人がいてもその制約によってチームに参加しにくいといったこともあるだろう。さらには、ライフステージなどによって生活状況が変化すると、仕事から離れなければならなくなってしまうことも考えられる（企業は優秀な人材を制度によって手放していることに気づいていない。採用・教育コストばかりをかける前に、目の前の仲間が活躍できる場をつくるべきだと思う）。

SOLITではこれらの課題を解決すべく、労働条件を本人と会社の間でミドルポイントを見つけて個別に定めるようにしている。契約形態・働き方は、それぞれの状況や求める働き方に応じて社員契約、業務委託、インターン、プロボノ、ボランティアなどの関わり方を提示している。勤務時間に関してもどのぐらいSOLITに関われるのかを事前に共有してもらい、基本的にはその勤務時間内で働いてもらっている。加えて、それぞれの勤務時間をあらかじめ共有し合ったうえでミーティングの時間もセットするようにしている。

もちろんSOLITの仕事はリモートワークでもできるので、二人目のフルタイムメンバーの和田菜摘は、採用面談から入社、そして今に至るまで基本的にはイギリス在住で仕事をしている。過去にインターンとして関わってくれていた学生たちも採用面談から半年以上直接会うことなく、広島や北海道などで事業を推進してくれていた。この仕組みにすることで、子育てや介護をしている人が活動に参加でき、集中できる時間帯に偏りがあるメンバーは勤務時間を選択できるようになった。また、このような働き方であれば、PMS（月経前症候群）や気圧頭痛などといった自分のバイオリズムや症状に合わせて勤務時間を決めることができるので、必要以上にパーソナルな情報を誰かに伝える必要もなくなった。

人が人生の中でライフステージが変わることは当然のことだ。家族やパートナーや加齢による体の変化に合わせて、変えていかなくてはならないことも増えていく。人生でたくさんのことを経験する中で、自分の強みや弱みを分かっていくこともあるだろう。その変化もまた健全で当たり前のことだ。だから、わたしたちはそうした各人の変化に合わせていつでも相互に確認し合いながら関わり方を決めていけるようにしている。

これは働く個人だけでなく、企業側にもメリットがあることだ。組織は成長と衰退がつきものであるから、それに応じた対価をメンバーに提示できるし、もとの業務内容や関わり方では組織にとって過不足が生じている可能性もある。一人ひとりもその周辺環境も会社の法人格も日々変化し続けている。そのことを大前提として組織のつくり方を考えていくべきではないかと思う。

強みと弱みを共有する

自己責任論が強く浸透する日本においては、「自分の弱みを共有する」ことに対し、苦手意識がつきまとう。また、企業の多くが「できないことをできるようにする」日本の教育システムのもと、その差異をなくすことに対して時間を注ぐ。だが、わたしたちはそうした各自の弱さを補うことに時間を使うのではなく、それぞれが助け合いながら強みを活かし合うチームづくりに取り組むべきだと思っている。なぜなら、弱みを払拭するには莫大な時間がかかり、精神的にも肉体的にも大きな負荷がかかってしまうからだ。

こう言うと、本当に自分の苦手なことや弱みを改善しなくてもいいのかと聞く人もいるが、それは「各人が決めること」なのだと思う。各自の弱みは、比較対象によってそれが強みに変わる時がある。だから、そうした判断は組織や社会がすべきではないとわたしは考えている。自分で弱みを解決したければ、それを解決できるような働き方をすればいいと思うし、一人で解決できないと思うのであれば、チームで解決すればいい。そもそも誰かが勝手に決めた基準をクリアするために自分の価値を決める必要などないのではなかろうか。

わたしの経験を例にするならば、以前は英語が話せなかった。なぜなら、周りに日本語を話す人しかいなかったため、英語が話せないことに対し不自由さを感じることがなかったからだ。だが、留学する時やバックパッカーとして海外を旅する時に、英語があまりしゃべれないという事態に対し、弱みを感じるようになった。つまり、これは自分の置かれた環境やその場の基準によって自分の持ち味や属性が弱みにもなりうることを示している。後に必要があって英語を積極的に勉強し、会話に不自由することはなくなったが、これは自発的な意志に基づくものであり、誰かに強制されたものではない。

また、平均点を引き上げるよりも最高点を引き上げたほうが組織と個人の成長が促される場合もある。仮に組織において平均点以下の要素があったとしてもメンバーの中に得意な人がいれば、それはできる人がやればいいだけだ。全員が平均点になろうとする必要などない。これによってチームとしてできることが増えるとわたしたちは考えている。

そして、このようなチームになれば、お互いが助け合うことが当たり前になり、おのずとコミュニケーションが増え、信頼関係が構築しやすくなる。各自の強みや弱みを分かっていないとサポートしにくくなるため、お互いのことを積極的に知ろうとするきっかけにもなるはずだ。

目の前の「あなた」と活動するためのルール

わたしたちの活動は前例がなく、まさに茨の道に挑むものと言える。さらに、多様な仲間とともに活動していく必要があるため、いつでも立ち戻れる道標が必要だと考えている。そこで、SOLITでは、入社時と活動時に二つのツールを提供することにしている。

一つ目のツールは会社が目指す方向性や戦略、全体の動きを理解するために作成した「Welcome pack」だ。わたしは起業前に勤めていたいくつかの会社や団体で事業の方向性や意思決定のプロセスが分からない時に不信感を抱いていた。そうした背景もあり、メンバーに対してもそうした不満や疑問を解消してもらいたいと思い、いつでも会社のビジョンと自分の業務を紐付けることができるようなツールをつくることにした。このツールで会社の背景を理解したうえで業務に取り組んだほうがコミットしやすいということもあり、入社時に提供している。

この資料はわたしたちが解決したいと考えている社会課題の構造やそれを解決したうえで、どのような社会を目指すのかなどを40ページにわたって紹介している。また、組織の意思決定者であるわたしがどのような哲学をもとに経営判断しているのかといったことや、現時点でのメンバーそれぞれの関わり方についてもまとめている。

さらに、わたしが間違った意思決定をした時でもメンバーがこの資料を見れば、軌道修正を促すこともできるような内容になっている。この資料の内容をメンバーの共通のゴールに設定しているので、わたしたちが議論する際のいわゆる組織内バイブルの役割を果たしているとも言える。

また、SOLITでは、入社して間もなかったり、インターンとして入社したりするメンバーを対象に、業務を始める段階で必ずトレーナーがつき、月一度のメンタリングの時間も設けている。メンタリングの時間では「Welcome pack」に沿いながら、SOLITという舞台の上でどのようなことを学び、最終的にどうなりたいのかという個人の目標と今の業務がどのように紐付いているのかを振り返っている。もちろん日々の相談事を話すこともあるが、この時間は基本的に自分が関わる意義や目的を再認識する時間に充てている。

一般的な企業のメンタリングであれば、何らかの成果が出た時にともに喜んだり、評価や改善すべきポイントについて議論したりすることもあるだろう。わたしたちももちろんそうしたことは行うが、新たに発見した組織や個人の弱みや強みを一人ひとりの意見を交えながら、組織全体に反映するように意識している。その他にも、組織の日々の業務の中で学び切れないものがあれば、世界情勢や時代の変化に合わせて気候変動や環境問題、マインドフルネス、政治経済など多岐にわたる勉強会も実施することもある。

二つ目のツールはどのような価値観で個人が意思決定していくことが望ましいのか、また同じような価値観を共有していない人々と接触したり、時には傷ついたりした時にどのように対処すればよいかなどについてまとめた「SOLIT HAND BOOK」だ。

創業から3年目まではメンバーが少なかったこともあり、都度相談することで意思決定することができた。しかし、業務の範囲が広くなってきたり、メンバーが増えていったりする中でSOLITのメンバーとして働くということはどういうことなのかについて改めて共有する必要があったため、このハンドブックをつくることにした。

もちろんメンバーはSOLITのビジョンやパーパスに共感をして入社しているので、ある程度の意思決定は個人で判断しても問題ないと考えている。だが、初めての経験や分からないことに遭遇した時にはこのハンドブックに基づいて検討できるようにしている。このツールの真の目的は代表やコアメンバーがいない場所でも、自分で意思決定できるようになることだ。組織が持続可能な状態になるためにも、万が一わたしに何かが起きた時にも最終的な意思決定を誰もが行えるようにするためにこのハンドブックが必要だった。

　このハンドブックは会社の理念から行動規範、人権方針やコーポレートガバナンス、組織体制、就業規則などが18ページにわたってまとめられている。例えば、「わたしたちが考えるステークホルダーの定義」や「株式会社として使命と結果の順序を間違えてはならない」といった行動規範までもが網羅されている。これらは一般的な企業であれば、就業規則や契約書に書かれているものだが、日本の企業の場合、ルールの意味をきちんと説明されることはほとんどない。そのため、仮にそのルールを破った時にもそれがなぜいけないことなのかは従業員は理解しにくいのではないかと思う。

　そこで、SOLITでは知らないところで決められたルールに従い行動することを強いるのではなく、その背景や実践によってどのようなことが起きるのかを丁寧に説明し、理解してもらえるようにしている。時にはその内容自体も常にアップデイトしていることやその編成にはチーム全員が関わることができることも明言する。このハンドブックでは、あくまで目の前の「あなた」とチームとして活動していくことが大前提になっている。ルールはあくまで素材であり、そのルールは組織の仲間や状況が変われば当たり前のように変化していく。評価基準についても自分たちの哲学に基づいていることが分かるように構成している。

組織の終わり方

わたしはこれまで「TEDx」（アメリカの非営利団体TEDが関わっているプレゼンテーションイベント）で2度登壇したことがあるが、その一つのテーマが「組織の終わり方」というものだった。第2章で紹介した防災ガールは、最終的には約8年の活動を経て終焉を迎えたのだが、その終わり方は個人的にも独特だったように思う。純粋に組織をたたむという選択肢もあったが、六つの団体に事業を引き継ぐ有機的解散の道を選んだ。自然災害に関する普及啓発をはじめとした社会課題解決に対し、わたしたちだけがその役割を担うのではなく、面で広がり、解決できるような仲間を増やそうと考えた。そして、事業を引き継ぎ終わった1年後に防災ガールは解散した。

組織の終わり方については、雑誌『Stanford Social Innovation Review』で人気の記事となった「What's Your Endgame?」でもパターンや気をつけるべきことについて紹介している。例えば、わたしたちが組織や企画を立ち上げる際に、熱い思いを持ってスタートしたとしても、終焉を迎える際にはその想いはいつの間にか消えてなくなってしまうことがある。時には終わりを想定せずに組織を立ち上げることから曖昧な運営になることさえある。だが、組織の消滅によって依存関係にあった企業や地域は自走できなくなる可能性がある。組織は無責任に消えていくことができるかもしれないが、その状況が社会に与える影響は大きい。つまり、わたしたちは何かを立ち上げようとする時には、終わりも想定していく必要があるのだと思う。

防災ガールは課題解決をより推進するために、次なるリーダーに活動を引き継ぐことによって目的を達成した。では、SOLITはどうだろうか。社会課題解決に重きを置いた組織の多くは、自分たちが活動する理由がなくなり、社会課題が解決された状態こそが理想とする状態なのだと考えている。わたしたちもそのような考え方に共感している部分もあるので、たくさんのプレイヤーと選択肢が増えていくことこそが理想だと考えている。だから、わたしたちはライバルや類似組織が増えることをネガティブな要素だとは決して思っていないし、むしろわたしたちの真似をして挑戦する人が増えればよいと思っている。そうした状況が定着し、仮にSOLITの組織としての役目がなくなった時のわたしたちの組織の終わり方とはどのようなものだろうか?

何度も繰り返すようにわたしたちは多様な人たちや環境に配慮されたオール・インクルーシブな社会を目指している。そこに向かう戦略として、「前例としての成功事例が一つあること」「多くの人が関わりたいと思うようなエビデンスを用意すること」そして、「わたしたちがよいと思う組織や人々の伴走支援をしながら、社会の行動変容を促し、コレクティブインパクトを起こす」ことが重要だと考えている。

自分たちの活動を振り返ってみると、創業から4年目を迎え、前例となるブランドが生まれ、その活動が国内外で評価をされるようになった。さらに、病院や調査機関と連携してエビデンスも蓄積し、わたしたちの業界やフィールド以外での伴走支援の機会も増えてきた。今後はより企業と連携して多くの選択肢を生み出すことや、プレイヤーを増やすことに注力をしていくだろうし、そうしたプレイヤーが増えてきた時にはわたしたちの活動は終わりを迎えるだろう。

わたしが考える組織の終わり方を紹介したが、それとは別にライフステージの変化などによって終わりを迎えることもあるかもしれない。それは人間が運営する組織として健全な形だと思うし、無理をして続けることが本当によいのかとも思ったりすることがある。経営をしていると、事業を拡大することが当たり前のように語られるが、精神的な苦痛を抱えて現場を離れざるを得なくなった起業家仲間も多く見てきた。一組織が変えられるものなど小さいのだからこそ、そのリソースがよい効果を生み、社会全体の流れを生み出すことこそが大切だと考えている。

企業は時には休んでもいいし、似たような組織と合併してもいい。一般的なスタートアップが目指すバイアウトやM&Aをしてもいいし、事業承継してもいい。地域やコミュニティに引き継ぐもよし。わたしはこうした考え方には異論はないが、わたしが組織を終わらせる時には事業を立ち上げた時の想いと、協力してくれる仲間たちや環境を大切にしながら、自分たちの倫理観と正義を重ね合わせたうえで決断することになるだろう。

03
対談

障がいをポップにデザインする

石井健介

Dialogue

いしい・けんすけ｜ブラインドコミュニケーター。1979年生まれ。アパレルやインテリア業界を経てフリーランスの営業・PRとして活動。2016年、36歳の時に一夜にして視力を失う。ダイアログ・イン・ザ・ダークでの勤務を経て独立。見える世界と見えない世界をポップにつなぐためのワークショップや講演活動をしている。TBSラジオ制作Podcast「見えないわたしの、聞けば見えてくるラジオ」パーソナリティ。ウェブサイト：https://kensukeishii.com/

障がいを忘れちゃう

石井　美咲さんのことを初めて知ったのはtwitterだったと思う。美咲さんの「障がいをポップになくしたい」っていう言葉が僕にはとても響いたんだ。
　僕は36歳の時に突然視力を失ってから、今までできていたことと見えなくなった現実とのギャップをとても面白いと思うようになった。だから「見える世界と見えない世界をポップにつなぐ」を合言葉に、ブラインドコミュニケーターとして活動していたんだけど、同じようなことを考えている人がいるんだと思って、この人に会いたいと思ったんだ。

田中　共通の知人も多かったよね。

石井　なかなかタイミングが合わなくて、初めて会ったのはコンタクトをとってから半年後のことだったと思う。

田中　それまでいしいし（石井氏の愛称）のtwitterの投稿は見ていたし、オンライン上のコミュニケーションはよくしていたんだけど、初めて会った時のいしいしの印象もそのイメージ通りだった。
　わたしの周りには当事者の友達がたくさんいるけど、どこか気にかけちゃうところがあるの。でも、いしいしと一緒にいると、見える、見えないといった障がいの有無を忘れちゃう。語弊があるかもしれないけど、気持ちよくボケとツッコミができるというか、イジれちゃうというか。

石井　僕は美咲さんに初めて会った時に明るくて柔らかい人だという印象を持ったけど、これまでの美咲さんが築いてきたキャリアとの間にギャップを感じずにはいられなかったな。
　キャリアだけ見ると正直「バリキャリ」じゃない？でも、社会課題を解決するためにいろいろなものを投げ倒していくって感じではなかったから、そこがいつも素敵だなと思っているんだけど。

障がいは特別なことじゃない

田中　SOLIT と KOKUYO の協働の中で、KOKUYO が当事者のための商品をつくろうとしていることを知ったんだ。それなら、当事者の方々の意見を聞くのがよいだろうと思って、いしいしと当事者の友人の方たちに協力してもらったこともあったよね。

石井　この時、驚いたのは美咲さんがマイクを持った途端にガチンとスイッチが入るということ。言葉一つひとつに説得力があるし、話し方やリズムもとても聞きやすいよね。僕は見えないから人が入れ替わったんじゃないかって思っていた。

田中　あの時はトークセッションとワークショップの2部構成で、KOKUYO の社員の人たちといしいしたちが半日間一緒にいられるプログラムを設けたんだったよね。

石井　健常者から見ると、障がい者ってどこか自分とは違う世界に生きている人なんだという感覚があるんだよね。だけど、それは特別な人じゃなくて「あなたの隣で生活している人たちなんだ」ということをまずは知ってもらいたかったんだ。

そして、グループでお弁当を食べたり、楽しく話をしたりする中で KOKUYO が新しく生み出す商品の価値の部分に気づいてもらえればいいなって思ったんだよね。

デザインを学ばなかった強み

田中　SOLIT で身体の課題解決をしていると、「当事者じゃないのに何を言っているんだ」って言われることがあるの。わたしはデザイナーと当事者が手を取り合って課題を解決すればいいじゃないって思っているんだけど、そうしたことが嫌な人もいるんだよね。

石井　僕はそうした意見とは反対に、例えば、福祉用具として見られている白杖をファッションアイテムだとも思っているんだ。白杖があるおかげで丈の長いシャツやコートが似合うようになったと思っている。
僕はもともとアパレルのメーカーで働いていたからSOLITがやろうとしていることがいかにすごいことか分かるんだ。同じサイズ、同じ色の服をたくさんつくればそれだけコストが下がるし、利益は生まれるんだけど、SOLITは１６００種類のパターンオーダー方式で真逆のことをやっている。
アパレル経験者では絶対できない発想だから、美咲さんがデザインを学ばなかったことがとても強みになっていると思っているんだよね。

田中　でも、わたしはいしいしと話していて自分はファッションについて不勉強だなって思った。文化学園服飾博物館に行った時に、いしいしは服の形に関する情報を聞いただけで時代背景が分かっちゃう。
その時、ファッションの歴史って素晴らしいし、本当に好きで勉強している人はたとえ服を見なくても情報だけでいろいろなことが分かってしまうんだなって思った。

石井　僕は美咲さんやSOLITに対してグローバルな視点や思想を感じている。だから、SOLITは海外、特に多様性の土壌があるヨーロッパでは絶対に受け入れられると思っているんだ。
でも、残念だけど日本では決してその土壌があるとは言えないから、まだ時間がかかるだろうね。だから、SOLITはグローバルな展開をしつつも、ものづくりや人との関係性はローカルなつながりを大切にしていくんだろうなと思う。逆輸入の形でSOLITが広まればいいなって僕は期待しているんだ。

第8章

障がいを超える

わたしも「障がい者」になった

コロナ禍で外出できないことへのストレスをはじめ、新しい事業への挑戦や、さまざまなソーシャルプレッシャーなどが重なり、わたしは双極性障害と、パニック障害を発症した。初めはWebで検索して「自分もそうかもしれないな」と思う程度だったが、あまりにも改善しないので具体的な解決方法を探るために、病院で診断を受けたことで明確になった。

それまでも予兆はあった。イベントなどの登壇後に、ありがたいことに参加者から名刺交換を依頼されることがある。その方の経歴や活動内容などを聞いている時に「ちょっとこの人苦手だな」と感じると、突然左耳が聞こえなくなることがあった（話を聞くことに関心がないわけではなく、話し方や疲れなども影響していると思う）。遠くの人の声は聞こえるのに、目の前の人の声が聞こえなくなるということもあった。この時は少し時間を置くといつの間にか治っていたので、特段生活には支障はなかった。

だが、ぐっとストレスを強く感じる時には、左耳だけ蓋が閉じたような、水中にいるような感覚になり、聞こえにくくなった。さすがにこの時は違和感を覚え、病院に行くと、医者からは「鈴虫の声くらいの音が聞こえにくいようです」と言われた（そんなおしゃれな言い方をしなくてもいいのに……）。

それらの症状に加えて、休憩時間がほとんどない長時間イベントや講演、長距離の電車や車での移動中、終わりの見えない博物館や映画館の中などでは抜け出せなくなるような恐怖に苛まれた。そうした環境でもたらされる緊張や不安から無性にトイレに行きたくなったり、急に酸欠状態になって息がしにくくなったり、目まいがしたりすることもあった。

この中でも尿意が催される症状は「心因性頻尿」という疾患だ。実際にトイレに行っても排尿することはほとんどないが、不安になってトイレに行きたくなってしまう。そんな状況だからか近くにトイレがないといつも不安になるし、自分の意思で抜け出せない環境の時には目の前で起きていることに一切集中できなくなった。それでも病気の初期段階は症状が出始めたら都度環境を変えてストレスを和らげるように自分で調整してきた。

しかし、責任者として現場から離れることのできない場面や複数の案件が重なる時期が増えたことで、次第に状況が悪化し始めた。そんな時は、少し休んでも解決せず、しばらくの間長距離移動や長時間個室にいることができなくなってしまうこともあった。例えば、わたしが住んでいる横浜から渋谷まで行こうとすると、何度もトイレに行きたくなるため、途中下車をしないといけなくなり、通常40分もあれば到着する場所に2時間かけて移動することになるのだ。1日当たりの総移動時間が2倍以上になるので、その分できる仕事の量も減ってしまうし、移動が伴う仕事が入ると心身ともに疲弊してしまっていた。

これは通勤の時だけではなかった。例えば、映画館では何度も映画の途中で外に出るのでストーリーが分からなくなってしまうこともあった（殺人が起こるストーリーではそのシーンを見られなくて結局犯人が分からずじまいになったこともある）。このような状況が日常茶飯事なのでバスも電車も不安になってしまい、移動がどんどん億劫になった。友達と遠出しようにも、人が多い場所はいつもトイレが混んでいるだろうと思って断るしかなくなっていった。

そうこうしているうちに自分の気持ちのアップダウンが激しくなってきた。これも最初は「30代だし若年性の更年期障害か、重めのPMSかな？」くらいの感覚でいたが、それにしてはひど過ぎるのではないかと思うようになった。すごくやる気が出て業務がサクサクと進む時もあれば、自分は何もできない存在なのだと感じたことも多々あった。たとえ国内外でSOLITの活動が評価されるようになっても、どこか自分には実質が伴っていなくて、「実力がないことがいつかバレてしまう」という強迫観念が常につきまとった。

それでもイベントに登壇する時や人前で話す時は、堂々とはっきり想いを伝えられる自分がいた。その様子を見て周囲から「すごい」と言われるのだが、その言葉や眼差しがさらにわたしを恐怖の渦へと陥れていった。やがて、そんな気持ちの高低差を行ったり来たりしながら、息ができなくなり、涙が急に止まらなくなるほど思考停止してしまう状態を繰り返すようになった。自分でコントロールできない何かが自分という物体の中で痙攣を起こしているようだった。

日常生活にも支障が出始めていたので病院に行って解決策を探ろうと話を聞きに行った。すると、医師から「パニック障害」「双極性障害」との診断があった。わたしの周りにもそのような診断を受けている人は多かったし、「やっぱりそうか」という冷静な気持ちで受け止め、病院を後にした。

病院から薬が処方されたが、薬の副作用や相性があることも知っていたので何だかもやもやした気分だった。薬を飲むことが自分のこれからの人生の中で最適な答えなのだろうかと自問しつつ、自分の安心のためにも薬を飲んで様子を見ることにした（結局効果を実感できず徐々に飲まなくなっていくのだが……）。

そうしているうちに、次第にわたしの中で病院の治療方針や処方される薬に対する違和感が拭えなくなっていった。2年ほどかけて薬の処方だけでなく、自分の生活のあり方や考え方などを見直したり、治療の選択肢を複数提案してくれたりする病院を見つけることにした。

おそらく6、7軒病院を回っただろうか。結局今も信頼できる病院は見つかっていないのだが、その中で唯一オンラインで診断してくれた先生がとてもやさしく理解があり、その方の前では自分の感情を露わにすることができた。その先生は後に退職してしまい、連絡が取れなくなってしまったが、その方のおかげで気持ちをスッキリさせることができた。

診察の中ではわたしが途中下車をしないと目的地に辿り着けないことや美術館に行っても途中で体調が悪くなって何度も外に出なければならないことなどを話した。すると、先生は「精神障害者保健福祉手帳」を取得する選択肢があることを教えてくれた。さらに、先生は「手帳をもらうことで、自分が障がい者と分類される悲しさや絶望を感じる人もいるが、うまく活用していくこともできる」とアドバイスもくれた。

わたしは「使える制度はすべて活用しちゃえ！」という貧乏性のようなところがあったから、これからの長い人生をうまく病気と付き合っていこうと決め、精神障害者保健福祉手帳を取得することにした。精神障害者保健福祉手帳は障害者支援が付帯しており、電車賃や美術館の入場料が無料になったり、施設利用料が安くなったりすることがあった。何度も途中下車したり、施設から出たりしなければならない自分にとってはとてもありがたい制度だった。

障がいは障がいではなくなる

こうしてわたしは手帳をもらうことで「障がい者」に分類されるようになったが、個人的にはあまりにもスムーズ過ぎて実感が湧かなかった。病院の先生から診断書をもらい、証明写真はパスポートの更新の時に使った余りがあったのでそれを持って区役所に行った。その後精神障害者保健福祉手帳の申請をして、ついでにヘルプマークももらっておいた。後に手元に届いた精神障害者保健福祉手帳は「手帳」というよりも「カード」で、何だかお守りをもらったような気持ちになった。移動方法や場所ごとで不安の波も違うし、すごく辛い時とあっけらかんとしている時があるので、自分でも病気をコントロールし切れていないが、そんな自分も愛おしく感じられるようになり始めていた。

実は、わたしは小さい頃から視力が低く、ずっと眼鏡かコンタクトレンズをして生きてきた。よく考えてみればこれらが存在しない時代には、視力が悪いだけでも日常生活に支障が出ていたはずだ。しかし、それらはいまや障がいではなく、眼鏡などはファッションアイテムの一つになってさえいる。

その他にもわたしには小さい頃からアトピー性皮膚炎もあった。今でも夏は汗をかくと皮膚がボロボロになってしまったり、パジャマが血だらけになっていたり、肌に布が当たったりするだけで痛みが出たりすることもある。そんな肌には大人になってから奮発したオーガニックのボディクリームや大好きなブランドのボディスクラブも何ら意味をなさない。しかし、家やカフェで仕事ができるようになって汗をかく機会が減ったり、体のラインを隠すようなゆったりとしたシルエットで肌にやさしい素材の服を選択できたりするようになると、それほど気にならなくなった。

つまり、複数の選択肢があることやそれを受け入れ、理解する社会環境が整備されることによって「障がいは障がいではなくなる」時が来るのだと思う。例えば、何らかの身体的な可動域の制限を持った人は既製服では選択肢が少ない。選べるものが少ないということは、自分が選びたいものを選択するというよりもベターなものを選ぶしか方法がなくなってしまうのだ。そうしたプロセスを繰り返すと、次第に自分のアイデンティティが自分以外のものによって制限されることになっていく。こうした制限は心理的な側面だけでなく、それに紐付く社会参加に対しても障壁を築くことになるだろう。

これまでもわたしはそのような経験をした人たちにたくさん出会ってきた。例えば、パーティードレスが選べなくなったことで友人の結婚式に行けなくなった人や、ジャケットが着られないので就職活動に参加しにくくなったという人もいる。これは単に選べる選択肢が少ないということだけにとどまらず、その人の人生にネガティブな影を落とすことになるに違いない。

しかし、現在はそうした当事者の声を反映したプロダクトや制度が多数開発され、社会が徐々に変わりつつある。例えば、車椅子の概念を変えたとされるモビリティ。当初は車椅子を使う人や麻痺のある人たちのために開発されたが、長距離が歩きづらい人や買物の荷物が重いと感じる人が使うなど福祉用具の域を超えて新しい価値を生み出している。このように社会の中で選択肢が増え、もともとカテゴライズされていた領域をも超え、そうした状況が当たり前になった時に本当の意味で多様な人の社会参加を促すことができるのだとわたしは考えている。

わたしたちがつくったブランドSOLIT!も同じような想いで生み出されている。SOLIT!のユーザーの中には、「ジャケットを人生で着たことがない」という方や「麻痺があってボタンのある服が着られない」という方などがいて、その想いと実現性の間にギャップがある場合が多い。

そうした意見を踏まえて、わたしたちはできるだけさまざまな体型や障がいがある方でも着られるように、服のパーツごとにサイズを変えたり、ボタンやファスナーなどの細部の選択ができたりするようにした。そうすることで新たな選択肢が増え、それぞれが自分らしく毎日を過ごせるのではないかというわたしたちなりの提案だった。

実際、蓋を開けば、側弯症の方やアスリートの方、サイズの選択肢が子供服しかない方など、わたしたちが想定するターゲット以外の方にも購入頂いた。時には、「初めて選びたいと思える服を着られた」と涙を流される方もいた。既存の選択肢から選ぶということは決して選びたくて選んでいるわけではない。わたしたちは、必要な選択肢を新たに生み出し、そのことが当たり前の社会をつくることで、もしかしたら障がいが障がいたる状況を変えられるかもしれない。

すべての概念はグラデーション

SOLITの活動を通していつも感じることがある。それは「障がいは本人ではなく、『社会』の側にある」ということだ。これは2006年に国際連合で採択された「障害者の権利に関する条約」の条文に掲載されている内容で、「障害の社会モデル」という考え方だ。この考え方は社会や場の環境によってマジョリティとマイノリティが入れ変わるなどといったSOLITの思想にも通底している。

その一方で、障がいは個人の身体的・精神的な欠陥や不全の問題だとする医学モデルもある。この場合、障がいは個人の問題であり、仕方がないことだととらえる傾向がある。そうした考え方の一端は「障がい者はかわいそうな存在」「障がい者の家族は努力しなくてはならない」などといった一方的な認識や前提からもうかがい知れる。

しかし、障害の社会モデルでは、その障壁を取り除くのは社会の責務だという思想から社会全体の問題としてとらえる。この考え方の影響は大きく、ビジネスの現場でも近年障害者雇用率を重視したり、ウェルビーイングやダイバーシティに関する講座や、アンコンシャスバイアス研修などが行われたりする動きなども増えてきている。以前と比べれば状況は改善してきているように見えるが、時にこれらの配慮が定量的かつ表層的なＫＰＩを目的として設定されている場面も増えつつある。したがって、本質をきちんと踏まえなければ、一概によいことだとは言えない現状がある。

このように障がいの定義は常に時代や社会の理解、ノーマライゼーションなどによって変わってきている。そして、日本では障害者基本法によって障がい者は「障害及び社会的障壁により継続的に日常生活又は社会生活に相当な制限を受ける状態にあるもの」と明文化され、定義されてもいる。

しかし、わたしは先述の通り、障がいを認めるのも日常生活や社会生活を制限と感じるかどうかも当事者に委ねられているのではないかと思っている。そう考えた時、障がいも明確に定義されたものではなく、グラデーションのある概念なのではないかと思う。もちろん医学的な症状としての軽度・重度といった区分はあるが、そのとらえ方も本人の性格や受容のあり方によって異なるのは当然のことだ。住んでいる場所などによっても経済活動を自律的にできるかどうかは変わってくる部分がある。こうした障がいのとらえ方は「まったく同じ人などいない」と考えるわたしたちの根本を支える哲学とも地続きだと言える。

それでも対話を繰り返すこと

多様な人も動植物も地球環境も誰もどれも取り残さないオール・インクルーシブな社会の実現を目指すわたしたちは社会側が変わるきっかけづくりを義務感や責任感などではなく、「やりたくなる」ものとしてポップに生み出そうとしてきた。なぜなら、どんな社会課題も「やらなければならない」といった義務感や責任感で進めた時ほど持続的ではなくなってしまうからだ。

時にそれは当事者や実践者の重荷になり、活動を続ける理由にもなりにくい。さらに言えば、どこか他責でもある。こうした時に組織では数値目標を掲げたりすることもあるが、次第に視野が狭くなり、本質を見失いがちになったりすることもある。だから、わたしは当事者や実践者がワクワクできるかどうかをアクションを起こす際の判断材料にすべきだと思っている。

多くの社会課題は一人が100％以上の力を出すよりも、複数の人が少しずつ関わったほうが間違いなく活動を継続しやすく、解決しやすくなる。そして、そうした関わりを促すきっかけとしてはやはり「楽しそうだからやってみたい」と思わせることこそが重要なポイントとなると考えている。だから、わたしはSOLITに限らず、何らかの社会課題解決に関わる際には、「お涙頂戴」「義務と責任」を前面に押し出すことは避けるようにしている。

もちろん深く学びたい人や背景などに関心のある人には、しっかりと話すように心掛けているが、なるべく課題当事者がいつの間にか参加してしまっていて、その参加行動がおのずと無意識につながっているという構造を生み出したいと思っている。「気づかぬうちに課題を解決してしまっている」ことがわたしの活動のキーワードであり、理想でもある。

一方で、社会課題の解決に集中できていたのは、前述した「社会側の障壁」をわたし自身がほとんど感じていなかったからだとも言える。生活に支障が出るほどの症状が出た時も周りのサポートによっていつの間にか解決できていた。SOLITのように当事者性を意識しなくてよい環境があれば、障がいがあることに自分で気づきにくいという側面もあるのではなかろうか。

例えば、一緒に働く仲間たちはわたしの癖や苦手なことを知っている。明らかに長話をしてくる人がいれば、わたしは耳が聞こえにくくなるので、話し相手の代わりをスムーズに務めてくれるメンバーがいる。わたしが長時間のミーティングや登壇することが苦手なことを知っているメンバーは、定期的に休憩の場をつくってくれることもあった。どの場合もみんな「ケアしなくちゃ」「助けてあげよう」というスタンスではなく、「はーい、OKです」という軽いノリで対応してくれた。そういった対応であれば、わたしも気持ちよく甘えることができるし、反対に相手が困っていそうな時も気軽にサポートに入りやすくなるだろう。

そうしたメンバーたちの理解あるコミュニケーションのおかげで、幸いにして自分で不調を感じて病院に行った時までわたしは自分の病気にまったく気づかなかった。しかし、多様な人間に寛容な組織ばかりではないと思う。確かに、自分が何らかの当事者である場合、症状や心身の状態によっては自分で判断しにくいということもあるかもしれない。だが、自分の本当に言いたいことを表現することや自分の状態をしっかりと伝えることは自分だけにしかできないことなのだと思う。これは自己責任論ではない。企業や社会の合理的配慮はもちろん必要だが、それだけでは不十分なのだ。その制度と個人の間で抜け落ちた事柄は対話で埋めていくしかないのだ。

実は以前、障がいを持つことを明言された方から、「美咲さんは、わたしのことをまったく考えてもくれてなかった」と指摘されたことがある。その他の方からも「こちらが自分の状況を伝えられると思っていますか？　あなたもパニック障害なのだからお分かりになると思いますが」などと言われたこともある。わたしからすると相手に対し、幾度となく齟齬（そご）がないように注意して発言内容を文字に起こしたり、アーカイブに残したりしていたし、最終的な意思決定もすべて相手に委ねていた。だから、わたしが勝手に決めつけるようなこともしていなければ、押しつけることもしていない。

だが、その時々によって相手が判断や意見を変えることもあるだろう。あるいは、たまたま体調面から思考力や判断力が弱っていた時期だったのかもしれない。一方、わたしのほうにも相手が理解するまで対話を繰り返していなかったという落ち度もあったかもしれない。みんながまったく違うからこそ、それぞれが瞬間的に自分の立場を守るために相手に対して攻撃的な発言をしたり、態度を取ったりすることもあるだろう。

だが、そうしたことを繰り返すのはお互いにとってあまりよい関係ではないと思う。時にお互いの勝手な勘違いが大きな誤解を生み続けてしまうこともある。だからこそ、自分のことを理解し、他人に伝えられるようになることは困難を伴うがとても重要なことだ。それらに加えて対話を繰り返すことも不必要なすれ違いを生まないためにも大切なことなのだと思う。

経営と自己責任のあいだ

わたしは新卒で入った会社で一度うつで休職したが、先輩や同期にもうつ症状により会社を休職したり、辞めたりする人をたくさん見てきた。だから、生きるためなら「どんどん逃げたらいい」と思っている。世間では退職代行という職業があるくらいだ。辛い時は自分で退職の意思を言わなくてもいいと思う。わたし個人を振り返っても無理はしないほうがいいと思うし、周りの目線など気にせず今すぐ休んだほうがいいと断言できる。

実はこれまで運営してきた団体でも急に音信不通になる人がいた。確かに、当事者の立場としては気持ちは分かる。だが、経営する身としてはとても悲しくなる。両方の目線を持つがゆえにジレンマを感じていた。そして、「逃げられて羨ましいな」と思う自分もいたことも事実だ。

わたしはどんな状況でも「頑張れてしまう」タイプなんだということは知っていた。特にハードシングスが多いスタートアップやソーシャルセクターの経営者はどんなにストレスフルな状況でも「ここは逃げないほうがいい」と判断をして、何とか解決策を見つけて突き進んでいく人が多い。だが、そこで働くみんなが必ずしもそうではない。

最近ではＨＳＰやＡＤＨＤなどの簡易診断が流行っているし、マインドフルネスやメンタルケア関連のサービスやアカウントも増えてきている。社会では今まで以上に自分をケアする機会や必要性が増えてきているし、その機微を見落とさない工夫も設けられるようになった。まじめで頑張り過ぎてしまう人にとって、そうしたストッパーがさまざまな形で社会に存在するのはとてもよいことだと思う。メンタルが崩壊して立ち直れないくらいになるのなら、きちんと休んで次のチャンスを何度でもうかがえばいい。

だが、きちんとした診断がないまま「メンタルが弱い」「ＨＳＰっぽい」と自己催眠にかけて、成長機会を逃す人もたくさん見てきた。実際は本当に体調が悪いのか、弱音を吐いているだけなのか、このバランスを自分で判断するのは難しい。極論を言えば、やる気が起きないことや自分の怠惰を病気のせいにしてしまうこともできてしまうと思う（そうした症状の概念もまた社会構造によって変化するだろうけれども）。

しかし、わたしは病気を理由に逃げることができない。経営者として自己責任の世界の中にいるからなのだと思うが、自分の倫理観や大義をもとに意思決定していると、次第に逃げるという選択肢がなくなってしまう。だから、自分の苦しさや辛さに正直にその場から逃げることができる人を時に羨ましく思う。「逃げられていいいな」と。

当事者がカミングアウトするその先へ

わたしは自分自身がもっと働きやすくするため、そして生きやすくする目的で自分の障がいをカミングアウトした。しかもカジュアルにさらっと。しかし、そうしたことができるかどうかは自分が過ごす環境や家庭環境、職場の環境などによっても当然異なるだろう。だから、わたしは当事者であることをことさらにカミングアウトする必要はないとも思っている。

かえって、そのことが人によっては大きなハードルになってしまう時もあるし、時に自分の意に反してアウティングされる事態さえもある。カミングアウトによって罪悪感を持ち続けることになったり、本当の自分の気持ちを言い出せないことに対するストレスに苛まれたりすることもあるだろう。わたしはそのように感じなくてはならないという社会こそ変えていかなくてはならないのだと思っているが、状況はすぐには変わらない。だからこそこうした社会とうまく付き合っていく必要があるのだと思う。

これらに加えて、何かしらの障がいやマイノリティ性がある人が当事者であることをカミングアウトしたうえで、その理解を周囲に促すのは二重の負担になってしまう恐れがある。考えてみてほしい。マジョリティを基準とした現代社会の中で生きづらさを感じていたのにもかかわらず、さらにその枠組みの中で生きるマジョリティに向けて「自分はこうなんだ」と伝える場面を。その心的な負担が想像以上なものであることは想像にかたくない。だからこそ、当事者の意識と社会構造も同時に変わっていかなくてはいけないのだと思う。

0か1か、YESかNOか、白か黒か。わたしたちはすぐに答えを求めたがる。再三繰り返すが、物事の本質はすべてがグラデーションなのだと思う。確かに、分かりすくカテゴライズすることは効率的であり、物事を大きく推進・発展させていくには必要なことだ。その結果として、社会が便利になり、経済が発展してきたし、それらのことはわたしたちが選択し続けた結果なのだから。

だが、この社会のルールメーカーはまだまだマジョリティである人が多い。現在、各所でいわゆるマイノリティとされてきた人々が声を上げられる状況になってきているが、まだ少な過ぎる。社会や組織の意思決定の基準に多様な人の声が含まれる場面もまだまだ少ない。だからこそ、まずはお互いが違いを理解し合い、寄り添っていこうという姿勢を示すことが大切だと思う。障がいの有無やケアする側とされる側という関係性ではなく「みんな」という枠組みで。

あとがき

『非常識なやさしさをまとう』を手に取ってくださり、そして読んでくださり、ありがとうございます。この本に書かれていることは、35年間生きてきたわたしという一人の人間の人生の総まとめのような内容になっています。

本書の執筆中はここまで書いてしまっていいのだろうかという恥ずかしさと、わたしの身に起きた出来事に読者の方が関心を持ってくれるだろうか、といったいろいろな想いを交差させながら書き進めました。その中で今回本を書くにあたってわたしの中で決めていたことが一つあります。それはわたし自身を格好よく見せるのではなく、悪い面も含めてありのままを曝け出して書きたいということです。

わたしはこれまで気候変動・自然災害・防災・人権などの社会課題と長年向き合ってきたこともあり、度々講演会やセミナーなどに呼ばれる機会があります。すると、わたしの話を聞いた来場者の方々から「田中さんの前では嘘はついてはいけないように感じる」「田中さんのようなコミットやパワフルさはとても真似できない」などといったコメントを頂くことがあります。

SOLITは創業4年を迎え、国内外から賞を頂く機会も増えましたが、実は今もそうした周囲の評価とわたし自身が抱えている自分自身のスキルやキャパシティの狭さや視野・視座の未熟さとのギャップにとまどう場面が少なくありません。

本書を読んでくださった皆さんにはお分かりのように、これまでのわたしの活動は必ずしも順風満帆だったわけではありません。学生・会社員時代は周囲と軋轢ばかりを生んでいたし、経営者としても自分の中にある正義を振りかざし過ぎることによって、メンバーが離れることもありました。自分自身の体調・体力を取り崩して押し進めているところもあります。

そういったわたしを間近で見ていた人たちからは「何でそんな大変なのに続けられるんですか?」といった質問も受けたことがあります。その都度、わたしは「責任感かな」「仲間がいるからかな」といろいろ答えてきましたが、この本を書く中で自分の人生を振り返って、「純粋に好きだから」という理由に気づくことができました。

すごく辛いし、嫌なこともあるし、大変だけど、わたしは今やっていることがどうしても好きなんだと思います(吸い込まれてしまうほど好きだから、ついついやってしまう。誰からも褒めてもらえなくても、お金をもらえなくても好きだからやってしまうんだろう)。そして、この本に書いたことは、小さい頃から35歳までのわたしの話だけれど、年相応にまた同じことを繰り返してしまうだろうから、これからわたしが死ぬまでの話なのだろうと再確認しました。

だから、たとえ、形やスピード感、規模が変わったとしても、この活動は人生を通して続けていきたいと思っています。

本書を書きながら人生を振り返る中で、想いだけで突き進んできたわたしが活動を継続できているのは両親や祖父母、恩師やメンターといった方々、そして一緒に挑戦してくれた仲間と親友の存在があったからなのだと改めて実感しました。だから、本書では「困難の連続だった女性起業家が輝かしい実績を生み出した」といったよくあるストーリーとは別の「本当のところ」を書くようにしました。

わたしの成功も失敗もちりばめたこの本を読んだあなたに「たとえ小さなことであったとしても、スピードが速くなかったとしても、途中で立ち止まっても、テーマや分野が変わったとしても、諦めずに続けることそのものが尊いことなのだ」と思って頂けたらこんなに嬉しいことはありません。

あとがきのあとがき

2024年4月、わたしたちは北米最大級のファッションコレクション「バンクーバーファッションウィーク」に招待を受け出場し、約1年をかけて準備したショーを披露して帰国しました。

これまでわたしたちは社会課題の「解決策」として服をつくってきましたが、このショーでは、「誰がその服を着るのか」といったモデルの多様性やその表象（レプレゼンテーション）にこだわることで、わたしたちが考える着る人と製作側の双方向な関係性を表現しました。

さらに画像や静止物ではなく時間軸が含まれた4次元の演出を用いることによって、わたしたちがつくりたい未来の世界観を感じ取ってもらえるようなショーをつくり上げました。

その結果、来場された方からは「ファッションの最先端の場にSOLITが存在してくれてよかった」というコメントを頂いたり、『VOGUE』(ITALIA/MEXICO)にSOLIT!のショーが掲載されたり、他の海外コレクションから出場依頼がいくつも届いたりするなど大きな反響がありました。わたし自身想像以上の反応の数々に驚きつつも、「ようやく本来の意図が伝わったのかもしれない」と、これまで苦難の連続だったわたしたちの活動が報われたように思い、感慨深いものがありました。そんな興奮が冷めやらぬ中、わたしたちが実現しようとする社会に向けてSOLITは第二幕を切ることにしました。

SOLITは創業から4年間「誰もどれも取り残さない」オール・インクルーシブな社会に向かうために純度の高い事例を築こうとファッション分野でチャレンジを続けてきました。そして、バンクーバーファッションウィークへの出場を経て改めて大きな「前例」をつくることができたのではないかと思います。今後は商品開発をする中で蓄積したエビデンスやデータをまとめ、多分野の企業や団体と連携しながら、日常生活におけるオール・インクルーシブな選択肢を増やしていきたいと考えています。そこで、ファッションという文脈だけの活動に集中することはここで一区切りとしようと考えました。

そうした一連の流れの中でメンバーと議論を重ねた結果、SOLITはわたしが代表を務める社会課題解決に特化した企画・デザイン会社morning after cutting my hairと合併することにしました。いわばSOLITの魂は残りますが、その魂を宿す「身体」を変えることになります。今後はこれまでSOLITで培った経験や知見とmorning after cutting my hairが持つ社会関係資本やDE&Iの課題解決アプローチを組み合わせて、企業を対象としたインクルーシブデザインを用いたコンサルティング事業に注力していくことになりますが、不定期ながら、SOLIT!のプロダクトの販売と開発は続けていく予定です。わたしたちのオール・インクルーシブな社会に向かうための挑戦はまだまだ続きますので、今後の活動を見守って頂けたら嬉しいです。

最後に、誤字脱字がとても多いし、同じことを何度も書いちゃうし、支離滅裂なわたしの文章を丁寧に編集してくださったライフサイエンス出版の奥村友彦さん、そして、わたしが信頼をおける7名の方々。長年一緒に活動し続けている、家族のような、親友のようなカテゴライズできない関係性の中西須瑞化、熊本地震以降ずっとクリエイティブを信じ合う者として相談に乗ってもらっている佐藤かつあきさん、同世代の活動家であり、諦めずに挑戦し続ける戦友の植原正太郎くん、同じく女性起業家としての苦労をいつも共有し、助け合っている秋本可愛ちゃん、視野が狭くなった時にふと視点を変え扉を開いてくれる澤田智洋さん、見えないことを完全に忘れてしまうほどの視野の広さがあるいしいし(石井健介さん)。諦めかけた時に中立的な評価をしてくださり、活動継続の背中を押してくださったＵｗｅ。

ここに上げられないけれどたくさんの方がいて今わたしがこうして生きていることを感じています。本当に感謝でいっぱいです。感謝を伝え切れているのだろうかと心配になるほど、心から感謝しています。そして、この本に書いたすべての辛い時にいつもそばにいてくれた親友と母親には、いつも言っているけれど、大好きだと伝えたいです。
※この本が広まることで生まれる印税は、今解決すべきだと考える社会課題の現場あるいはそ

れに挑戦するソーシャルセクターやアーティストへ、わたしの独断と偏見で全額寄付したいと思います。

叢書クロニック―創刊のことば

いつまでも健康でいたい。これは万人共通の願いではないでしょうか。今日では健康寿命の延伸や健康意識のニーズの高まりによって、人の誕生から死に至るまでありとあらゆる領域が医療の対象とされ、治療の専門化も進んでいます。しかし、人は生きている以上、病気と無縁でいることはできません。具体的な症状があれば医者に相談できますが、健康になる方法は誰も教えてくれません。では、どうすれば健康になれるのでしょうか。

健康の定義はWHO憲章*に代表されるように、必ずしも肉体や精神の健康に限定されるものではありません。そして、健康の解釈は社会や文化によっても異なり、多様性があります。ただ、健康について一つ言えるとするならば、それは「病気ではない状態だ」ということです。つまり、健康になるためには、病気とは何かについても深く知る必要があります。

アメリカの精神科医で医療人類学者のアーサー・クラインマンは、病気の概念を医者が治療対象とする疾患（disease）と患者が経験する物語（病気の意味）としての病い（illness）に分け、「治るとも限らない慢性疾患に苦しむ患者の物語にこそ、病いの本質である多義性が表されている」と指摘しました。つまり、物事の本質を理解するためにはその構造の外に一度出てみることが大切なのです。

本シリーズでは、医学はもちろんのこと人文、アートなど様々な領域の著者の「語り」を通して、慢性疾患を中心とした「病いの意味」と「健康の多様性」をとらえ直すことを目的に創刊しました。シリーズ名の「クロニック」は、英語で「慢性疾患」を指しますが、「病みつき」「長く続く」というポジティブな意味も持っています。

本シリーズが読者の皆様に末永く愛され、そして、読者の皆様がいつまでも健康でありますように、と願いを込めて。

＊WHO憲章前文「健康とは、病気でないとか、弱っていないということだけではなく、肉体的にも、精神的にも、そして社会的にも、すべてが満たされた状態にあることをいいます。」

著者略歴

田中 美咲(たなか みさき)

社会起業家・ソーシャルデザイナー。1988年生まれ。東日本大震災をきっかけとして福島県における県外避難者向けの情報支援事業を責任担当。2013年「防災をアップデートする」をモットーに「一般社団法人防災ガール」を設立、2020年に有機的解散・事業承継済。2018年2月より社会課題解決に特化した企画・PR会社である株式会社morning after cutting my hair創設。2020年「インクルーシブデザイン」を基軸としたデザイン・開発を行うSOLIT株式会社を創設。

デザイン　加藤 賢策+守谷めぐみ(LABORATORIES)
DTP　濱井 信作(compose)
校正　佐藤 鈴木
編集　奥村 友彦

非常識なやさしさをまとう
——人とともにデザインし、障がいを超える——

2024年7月10日　第1刷発行
著　者 田中 美咲
発行者 須永 光美
発行所 ライフサイエンス出版株式会社
〒156-0043　東京都世田谷区松原6-8-7
TEL 03-6275-1522(代)　FAX 03-6275-1527
https://lifescience.co.jp
印刷所 株式会社シナノ

Printed in Japan
ISBN 978-4-89775-482-6 C0036